Spezielle Anorganische Chemie

Band 1

SPEZIELLE ANORGANISCHE CHEMIE
in Einzeldarstellungen

Herausgegeben von Prof. Dr. Armin Schneider, Hagnau/Bodensee

BAND 1

HYDROXIDE, OXIDHYDRATE UND OXIDE

Springer-Verlag Berlin Heidelberg GmbH 1976

HYDROXIDE, OXIDHYDRATE UND OXIDE

Neue Entwicklungen

Von

Prof. Dr. Einhard Schwarzmann

Universität Göttingen

Anorganisch-Chemisches Institut

Mit 38 Abbildungen und 3 Tabellen

Springer-Verlag Berlin Heidelberg GmbH 1976

Ursprünglich erschienen bei Dr. Dietrich Steinkopff Verlag, GmbH & Co. KG, Darmstadt 1976

CIP-Kurztitelaufnahme der Deutschen Bibliothek

Schwarzmann, Einhard

Hydroxide, Oxidhydrate und Oxide: neue Entwicklungen. 1. Aufl. — Darmstadt: Steinkopff, 1976.

(Spezielle anorganische Chemie in Einzeldarstellungen; Bd. 1)
ISBN 978-3-7985-0446-2

ISSN 0340-2509 (1)

ISBN 978-3-7985-0446-2 ISBN 978-3-642-87024-8 (eBook)
DOI 10.1007/978-3-642-87024-8

Herstellung: Graphischer Betrieb Konrad Triltsch, Würzburg

Zweck und Ziel der Reihe

Die Anorganische Chemie hat in den letzten vier Jahrzehnten eine außerordentlich lebhafte Entwicklung durchschritten: neue Stoffklassen (z. B. metallorganische Verbindungen und intermetallische Phasen, Fluorchemie und Hartstoffe und viele andere) stellen eigene Kapitel dar, die auch in den modernen, umfangreicheren Lehrbüchern praktisch keine Erwähnung finden können, die ihrer Bedeutung entspräche. Ihre systematische Darstellung ist nur möglich unter Berücksichtigung der parallel entwickelten, neuen Bindungstheorien auf quantitativer Basis sowie einer modernen Festkörperchemie. — Dazu kommen die Ergebnisse, die aus einer thermochemischen Klassifizierung der Verbindungen bzw. aus der thermodynamischen Gleichgewichtslehre für das Verständnis der Existenz und der Stabilität von Verbindungen z. B. anomaler Wertigkeit oder bei extrem niedriger bzw. hoher Temperatur erwachsen sind. — Allein der Temperaturbereich zwischen nahe dem absoluten Nullpunkt und Temperaturen weit über 2000 °C, der heute experimentell mit neuen Methoden beherrscht wird, gibt der Anorganischen Chemie ein völlig neues und eigenes Gepräge.

Die Aufgabe, die sich *F. Ephraim*'s Lehrbuch der Anorganischen Chemie (letzte 5. vermehrte und verbesserte Auflage, Verlag *Theodor Steinkopff*, Dresden und Leipzig, 1934, englisch 1926—1956) gestellt hatte, ist heute praktisch von einem einzelnen Autor nicht mehr zu bewältigen: nämlich, „die ersten Kenntnisse chemischer Tatsachen als bekannt vorauszusetzen", und dann „die zahlreichen Einzeltatsachen durch sinngemäße Gruppierung in logischen Zusammenhang einzuordnen". — Die modernen, komplizierten experimentellen Methoden, die Fülle der Einzeltatsachen und der neu bekannt gewordenen Verbindungen, sowie die quantitative Auswertung dieses gesamten Erfahrungsmaterials verlangen vielmehr neben dem einführenden Lehrbuch ein kompetentes Spezialwissen von Sachbearbeitern und eine aus diesem gewonnene Darstellung der einzelnen bestimmten Teilgebiete.

Das Sammelwerk soll also — unter der Voraussetzung des Stoffs üblicher Lehrbücher — fortgeschrittene Studierende der Chemie und benachbarter Fächer (Physik, Mineralogie, Hüttenwesen, Glas, Keramik etc.) bekannt machen mit den verschiedenen Sondergebieten der Anorganischen Chemie und deren Problemen, Methoden und Ergebnissen.

Jeder Band soll einzeln erworben werden können und somit auch Fachgenossen der Industrie zur Einarbeitung und ersten Übersicht über neue Entwicklungen auf Spezialgebieten dienen. — Zum weiterführenden Verständnis soll besonderer Wert auf eine jeweils möglichst vollständige Zusammenstellung der einschlägigen neuesten Literatur gelegt werden.

Die Reihe der Einzeldarstellungen ordnet sich somit ein zwischen die bekannten einführenden Lehrbücher und die erschöpfenden Literaturauswertungen der Handbücher wie z. B. *Gmelin*'s Handbuch der Anorganischen Chemie. — Damit ergibt sich auch die Aufgabe für Herausgeber und Verlag, durch laufende Ergänzung der erschienenen bzw. in Vorbereitung befindlichen Bände sich der aktuellen, letzten Entwicklung des Erkenntnisstandes der Anorganischen Chemie anzupassen.

Herausgeber und Verlag

Vorwort

Verbindungen der Systeme Oxid–Wasser gehören zu einem der ältesten und meistuntersuchten Gebiete der anorganischen Chemie. Neue Syntheseverfahren, die Züchtung von Einkristallen und eine Verbesserung der Methoden der Strukturaufklärung gaben hier in den letzten zwanzig Jahren zu einer stürmischen Entwicklung Anlaß. Die dabei erzielten Ergebnisse haben dazu geführt, daß das gesamte Gebiet unter Berücksichtigung der drei Aggregatzustände unter einem einheitlichen Gesichtspunkt zusammengefaßt werden kann.

Im ersten Teil dieses Beitrages wird der jetzt erreichte Stand der Forschung in 6 Kapiteln beschrieben, die als Schwerpunkte der modernen Entwicklung des Gebietes angesehen werden. Im zweiten und dritten Teil folgt eine mehr in's Detail gehende Behandlung der Verbindungen der Systeme Oxid–Wasser und der Oxide von den Haupt- und Nebengruppenelementen. Dem Leser wird die Möglichkeit gegeben, sich an Hand zahlreicher Literaturzitate, die bis Ende 1974 berücksichtigt worden sind, in das jeweilige Spezialgebiet einzuarbeiten.

Göttingen, Sommer 1976 *E. Schwarzmann*

Inhalt

Erster Teil

Schwerpunkte der modernen Entwicklung des Gebietes

1. Einleitung

Verbindungen der Systeme Oxid – Wasser werden nach einem Vorschlag von *Glemser* [1]) durch den Oberbegriff *„Aquoxide"* gekennzeichnet. Zu den Aquoxiden gehören alle anorganischen Verbindungen, die sich experimentell oder formal aus Oxid *) und Wasser ableiten lassen, z. B.

$$\begin{aligned}
Li_2O &+ H_2O = 2\,LiOH\\
Re_2O_7 &+ 2\,H_2O = Re_2O_7(OH_2)_2\\
MoO_3 &+ 2\,H_2O = [MoO_3(OH_2)]\cdot H_2O\\
N_2O_5 &+ 3\,H_2O = 2\,H_3O^+NO_3^-\\
Cl_2O_7 &+ 5\,H_2O = 2\,H_5O_2^+ClO_4^-\\
ThO_2 &+ x\,H_2O = ThO_2\cdot xH_2O.
\end{aligned}$$

Aquoxide lassen sich — je nach der Art der Bindung des Wassers — in 4 Hauptgruppen einteilen:

*Hydroxide *):* Aquoxide, die OH-Gruppen enthalten.
Beispiele: $NO_2(OH)_{gas}$, $NaOH_{flüssig}$, $Al(OH)_{3\,fest}$ **).

Oxidhydrate: Aquoxide, bei denen H_2O entweder koordinativ über Sauerstoff an das Metallatom gebunden, z. B. α-$MoO_3(OH_2)$, oder isoliert als Kristallwasser vorliegt. Ein Beispiel für das Auftreten von koordiniertem Wasser neben Kristallwasser ist $[MoO_3(OH_2)]\cdot H_2O$.

Oxonium-Verbindungen: Aquoxide, die das Wasser in Form von H_3O^+-Ionen enthalten.
Beispiele: $H_3O^+NO^-_{3\,flüssig}$, $H_3O^+ClO^-_{4\,fest}$. Auch Aquoxide mit den noch höher hydratisierten Protonen sind bekannt, z. B. $H_5O_2^+ClO^-_{4\,fest}$, $H_7O_3^+NO^-_{3\,fest}$.

---

*) Nach den Richtsätzen für die Nomenklatur der Anorganischen Chemie ist die neue Schreibweise Oxid bzw. Hydroxid an Stelle von Oxyd bzw. Hydroxyd.

**) Die Gruppe der Hydroxide kann noch weiter unterteilt werden in: Hydroxidhydrate (Beispiel $LiOH\cdot H_2O$), Oxidhydroxide (Beispiel FeOOH), Oxoniumhydroxide (Beispiel $H_3O^+SeO_3(OH)^-$), Hydroxidhydride (Beispiel $HPO(OH)_2$), kondensierte Hydroxide (Beispiel Kieselgel) und nichtstöchiometrische Hydroxide (Beispiel: bei der Entwässerung von $Al(OH)_3$ erhaltene intermediäre Phasen).

Oxidaquate: Aquoxide, die aus Oxid und Wasser aufgebaut sind. Das Wasser ist in beweglicher Form (Adsorptions-, Kapillarwasser) vorhanden.
Beispiel: SnO_2, aq.

Die Oxide, neben H_2O die Endglieder der Systeme Oxid–Wasser, können experimentell oder formal als Abbauprodukte der Aquoxide angesehen werden. Es erscheint daher zweckmäßig, sie in die vorliegenden Betrachtungen miteinzubeziehen.

Je nachdem, ob die Oxide bei der Reaktion mit überschüssigem Wasser Säuren oder Basen bilden oder sich indifferent oder amphoter verhalten, unterscheidet man saure Oxide (z. B. SO_2, P_2O_5, CrO_3, Mn_2O_7), basische Oxide (z. B. Na_2O, CaO, MnO, VO), indifferente Oxide (z. B. CO) bzw. amphotere Oxide (z. B. Al_2O_3). Die Oxide sind bei Raumtemperatur meistens fest, einige auch gasförmig, während flüssige Oxide selten sind (z. B. H_2O, Mn_2O_7).

Zur Aufklärung der Struktur kristalliner Aquoxide und Oxide werden hauptsächlich die Röntgen- und Neutronenbeugung herangezogen. Bei der Strukturbestimmung flüchtiger Verbindungen kommen vor allem die Elektronenbeugung und Mikrowellen- und Schwingungsspektroskopie zur Anwendung. Mit Hilfe von IR- und *Raman*-Spektren können Aussagen über Stärke und Symmetrie der Wasserstoffbrückenbindung gemacht werden [2]). Hinweise auf die Brückenstärke in O–D ... O-Systemen liefert die aus ^{2}H-Kernresonanzspektren zu ermittelnde Quadrupolkopplungskonstante [3]). Den ^{1}H-Kernresonanzspektren können Angaben über H–H-Abstände und über die Beweglichkeit der H-Atome im Kristallgitter entnommen werden.

Viele Verbindungen der Systeme Oxid–Wasser sind spezifisch wirkende Katalysatoren und Adsorbentien und finden als Ionenaustauscher in der Chromatographie Verwendung. In der Technik spielen sie als Zwischenprodukte oft eine bedeutende Rolle, so z. B. bei der Herstellung von TiO_2 als Pigmentfarbstoff durch Erhitzen von Titandioxidaquat oder bei der Gewinnung von Al_2O_3 durch thermische Zersetzung von $Al(OH)_3$ *). Hochschmelzende Oxide mit großer Härte spielen als Hochtemperaturwerkstoff sowie bei der Glasfabrikation eine wichtige Rolle. Auch bei der Härtung von Metallen und ihrer Passivierung ist die Bildung von Oxiden von Bedeutung. Viele Oxide haben interessante magnetische und elektrische Eigenschaften. Durch die Fehlordnungstheorie von Schottky und Wagner sind die Vorgänge in Halbleitern, wie z. B. ZnO, Cu_2O und FeO, zu verstehen. Die Erforschung dieser Elektronen- und Ionenleitungsmechanismen hat sich als wichtig erwiesen für das Verständnis von Anlaufvorgängen und anderen Reaktionen in festen Systemen. Die magnetischen Eigenschaften der Aquoxide und Oxide sind im *Landolt-Börnstein* (1974; Neue Serie), die physikalischen und chemischen Eigenschaften der Oxide im Oxide Handbook

---

*) Einer Weltproduktion von etwa 13 Millionen t Aluminium im Jahre 1972 entsprechen über 37 Millionen t $Al(OH)_3$ [4]).

(1975) beschrieben worden. Eine Zusammenstellung der Kristall- und Molekülstrukturen von Aquoxiden und Oxiden liegt im *Landolt-Börnstein* (1974) und im *Wells* (1975) vor.

Im folgenden wird versucht, den jetzt erreichten Stand der Forschung auf dem Gebiete der Systeme Oxid – Wasser (Aquoxide) unter Einbeziehung der Oxide in 6 Kapiteln darzustellen, die als Schwerpunkte der modernen Entwicklung des Gebietes angesehen werden:

Gasförmige Hydroxide
Hydrothermale Kristallzüchtung und Synthese
Hochdrucksynthese im wasserfreien Medium
Aquoxide mit hydratisierten Protonen
Hydroxide und Oxide in der Matrix
Lage der H-Atome im Gitter kristalliner Aquoxide

Anschließend soll im zweiten und dritten Teil der erreichte Fortschritt bei den einzelnen Elementen besprochen werden. Es wurde versucht, die Darstellung einfach zu halten. Sie folgt aus einer Vorlesung, die der Autor während der letzten zwei Jahre an der Universität Göttingen gehalten hat. Nicht bezweckt wurde dabei, das Gebiet vollständig darzustellen.

Literatur

1. *Glemser, O.*, Angew. Chem. **73,** 785 (1961).
2. *Schwarzmann, E.*, Z. Naturforschg. **24 b,** 1104 (1969).
3. *Chiba, T.*, J. Chem. Physics **41,** 1352 (1964).
4. *Ullmanns* Enzyklopädie der technischen Chemie, 4. Auflage, Band 7, S. 276 (Weinheim/Bergstr. 1974).

2. Gasförmige Hydroxide [1])

Gasförmige Hydroxide sind sowohl von Nichtmetallen als auch von Metallen bekannt. Sie können einmal nach dem Verdampfungs- oder Sublimationsgleichgewicht

$$\text{Hydroxid}_{(\text{fest, flüssig})} \rightleftharpoons \text{Hydroxid}_{(\text{gas})}$$

entstehen. Beispiele:

$$\text{(HO)NO}_{2\,(\text{flüssig})} \rightleftharpoons \text{(HO)NO}_{2\,(\text{gas})}\,,$$
$$\text{Na(OH)}_{(\text{fest})} \rightleftharpoons \text{Na(OH)}_{(\text{gas})}\,.$$

Andere gasförmige Hydroxide bilden sich als Reaktionsprodukte heterogener Umsetzungen nach dem heterogenen Gleichgewicht

$$\text{Oxid}_{(\text{fest, flüssig})} + \text{H}_2\text{O}_{(\text{gas})} \rightleftharpoons \text{Hydroxid}_{(\text{gas})}\,.$$

Beispiel:

$$\text{BeO}_{(\text{fest})} + \text{H}_2\text{O}_{(\text{gas})} \rightleftharpoons \text{Be(OH)}_{2\,(\text{gas})}\,.$$

c) Systeme des Typs $Hydroxid_{(fest,\,flüssig)} \rightleftharpoons Hydroxid_{(gas)}$

Zu diesen gasförmigen Hydroxiden gehört Stickstoffdioxidhydroxid. In der Gasphase ist das $(HO)NO_2$-Molekül planar [2]):

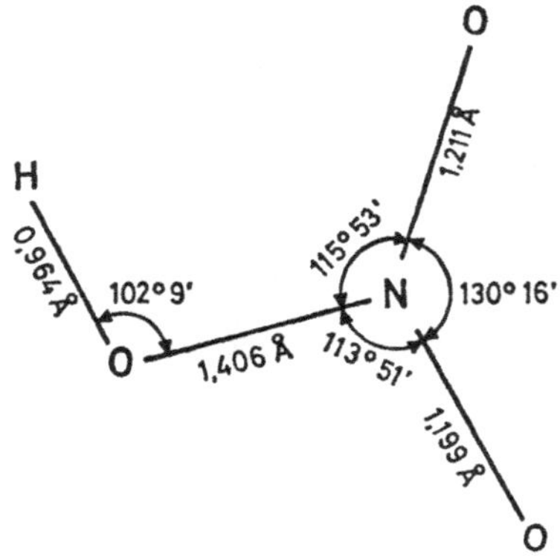

In gasförmigem Zustand sind auch die Hydroxide $B(OH)_3$, (HO)NO, $(HO)_3PO$, $(HO)_2SO_2$, $(HO)_2SeO_2$, (HO)Cl und $(HO)ClO_3$ bekannt. Zu diesem Typ von gasförmigen Hydroxiden gehören auch die Alkalihydroxide.

b) Systeme des Typs $Oxid_{(fest,\,flüssig)} + H_2O_{(gas)} \rightleftharpoons Hydroxid_{(gas)}$

Verschiedene Oxide — auch Hydroxide — verflüchtigen sich bei erhöhter Temperatur in Wasserdampf, während sie in Inertgas nicht oder wesentlich weniger stark verdampfen. Dieser Effekt ist durch eine Wechselwirkung zwischen dem Oxid (Hydroxid) und dem Wasserdampf zu erklären, er läßt sich durch heterogene Gleichgewichte beschreiben, z. B.

$$\mathrm{Oxid}_{(\mathrm{fest})} + n\,\mathrm{H_2O}_{(\mathrm{gas})} \rightleftharpoons [\mathrm{Oxid}\,(\mathrm{H_2O})_n]_{(\mathrm{gas})}\,. \qquad [1]$$

Die Untersuchung dieser heterogenen Gleichgewichte gibt Auskunft über die Assoziationszahl n und die Wechselwirkungsenergie zwischen Oxid (Hydroxid) und Wasserdampf.

α) Reaktionen bei niederen Wasserdampfdrücken (bis 1 atm)

Wir betrachten zunächst den einfachen Fall der Wechselwirkung bei niederen Wasserdampfdrücken, bei denen sich die heterogenen Gleichgewichte in der Näherung des idealen Gasgesetzes darstellen lassen. Für die Partialdampfdrücke der Systeme gilt

$$P_{[\mathrm{Oxid}\,(\mathrm{H_2O})_n]} = K_n \cdot P^n_{\mathrm{H_2O}}\,. \qquad [2]$$

Die Temperaturabhängigkeit des Gleichgewichtes [1] ist in der Gleichgewichtskonstante K_n enthalten nach

$$\ln K_n = -\frac{\Delta H}{R\,T} + \frac{\Delta S}{R}\,. \qquad [3]$$

Gl. [3] gibt ein Maß für die Wechselwirkungsenergie, die durch Dipol-Dipol-Kräfte, Wasserstoffbrückenbindung und chemische Reaktion zu einem Hydroxid verursacht sein kann. Ist die Wechselwirkungsenergie relativ groß und die Assoziationszahl definiert und klein, dann ist die Bildung eines Hydroxids sehr wahrscheinlich.

Die in Frage kommenden Gleichgewichte werden durch Dampfdruckmessungen bestimmt. Dabei können Verfahren wie die Mitführungsmethode oder Messungen in der *Knudsen*-Zelle benützt werden.

Untersuchungen mit der Mitführungsmethode sind z. B. von ZnO bekannt [3]). Bei diesem Oxid ist die Menge des verdampften Festkörpers dem Wasserdampfdruck proportional. Es ergibt sich daraus, daß der Bodenkörper mit jeweils 1 H_2O reagiert. Die Assoziationszahl *n* ist nach obigen Gleichungen 1. Auf Grund der relativ hohen Bildungsenthalpie des gasförmigen Reaktionsproduktes wird dieses als Hydroxid $Zn(OH)_2$ formuliert. Für die Reaktion

$$ZnO_{(fest)} + H_2O_{(gas)} \rightleftharpoons Zn(OH)_{2\,(gas)} \quad (1573\text{—}1623\ K)$$

beträgt $\Delta H = 427{,}6$ kJ/mol und $\Delta S = 204$ J/grad mol. Durch Kombination mit einem geschätzten Wert von 490,4 kJ/mol für die Sublimationswärme von ZnO bei 1573 K ergibt sich für die Reaktion

$$ZnO_{(gas)} + H_2O_{(gas)} \rightleftharpoons Zn(OH)_{2\,(gas)}$$

ein ΔH von $-62{,}8$ kJ/mol.

β) Reaktionen bei hohen Wasserdampfdrücken

Die Dampfdichteerhöhung (Verflüchtigung oder Löslichkeit) des Oxids bzw. Hydroxids in komprimiertem Wasserdampf kann man berechnen nach Gleichungen, die aus Gl. [1] unter den gegebenen Bedingungen hervorgehen. Für hohe Dichten und starke Wechselwirkung zwischen Oxid und Wasserdampfmolekülen — der Fall, der uns besonders interessiert — gilt nach *Franck* [4]) als Grenzfall einer allgemein gültigen Beziehung

$$\ln \frac{X_2}{x_2^0} \approx \frac{V_{2f}\cdot P}{R\,T} + n \ln \frac{K_n}{V}\ ^{*)} \qquad [4]$$

n = Assoziationszahl, $1/V$ = Gesamtdichte, V_{2f} = Molvolumen des Festkörpers, P = Gesamtdruck, X_2 = Molenbruch des Gelösten, x_2^0 = Molenbruch des gelösten Oxids unter dem eigenen Dampfdruck.

---

*) Die rechte Seite der Beziehung besteht aus 2 Termen; $V_{2f}\cdot P/R\,T$ entspricht dem „Poynting"-Effekt, $n \ln (K_n/V)$ ist ein Maß für die Wechselwirkungsenergie.

Man erkennt, daß der Logarithmus der Löslichkeit des Oxids dem Logarithmus der Gesamtdichte proportional ist.

Als Beispiel seien die nach den Prinzipien der Mitführungsmethode durchgeführten Reaktionen der Oxide SiO_2, MoO_3 und WO_3 mit Wasserdampf bei Temperaturen zwischen 400 und 700 °C und Drücken zwischen 5 bis 500 atm angeführt [5]. Im System SiO_2/H_2O können $Si(OH)_4$, $Si_2O(OH)_6$ und $[SiO(OH)_2]_x$ in drei verschiedenen Dichtebereichen des Wassers nachgewiesen werden. In den Systemen MoO_3/H_2O und WO_3/H_2O sind die gasförmigen Verbindungen $MoO_2(OH)_2$ und $WO_2(OH)_2$ bis zu Dichten von etwa 0,05 g/cm³ existent. Bei höheren Dichten, bei denen die überkritische Phase mehr und mehr die Eigenschaften einer Flüssigkeit zeigt, treten Isopolymolybdän- bzw. Isopolywolframsäuren auf.

Die Existenz gasförmiger Hydroxide hat auch in der Technik Bedeutung [5]. So wird z. B. BeO durch Reaktion mit Wasserdampf bei etwa 1500 °C, also über gasförmiges $Be(OH)_2$, von Verunreinigungen (Oxide oder Salze von Ag, Al, Fe und Si) befreit. Korrosionserscheinungen an Eisen und legierten Stählen sind besser zu verstehen. Die Verzunderung einiger legierter Stähle geht nämlich in Gegenwart von Wasserdampf schneller vonstatten, weil die Legierungselemente V, Cr, Mo und W gasförmige Hydroxide bilden. Auch die schon lange bekannte Reaktion von Wasserdampf mit Eisen verläuft ab 1300 °C gemäß

$$Fe_{(fest)} + 2\,H_2O_{(gas)} \rightleftharpoons Fe(OH)_{2\,(gas)} + H_{2\,(gas)}\,,$$

also über gasförmiges $Fe(OH)_2$.

Durch die Dampfdichterhöhung (Verflüchtigung oder Löslichkeit) von Oxiden oder Hydroxiden in komprimiertem Wasserdampf ist ein Stofftransport möglich, der uns die Bildung gewisser Minerale oder die Züchtung großer Kristalle verständlich macht und auch Umwandlungen der festen Stoffe unter solchen Bedingungen erklärt. Mit dieser anderen Seite der Reaktion von Oxiden oder Hydroxiden in komprimiertem Wasserdampf, der hydrothermalen Kristallzüchtung, wollen wir uns im folgenden Kapitel befassen.

Literatur

1. *Glemser, O.* und *Wendlandt, H. G.*, Adv. Inorg. Chem. Radiochem. **5**, 215 (1963).
2. *Cox, A. P.* und *Riveros, J. M.*, J. Chem. Physics **42**, 3106 (1965).
3. *Glemser, O.*, *Völz, H. G.* und *Meyer, B.*, Z. anorg. allg. Chem. **292**, 311 (1957).
4. *Franck, E. U.*, Z. physik. Chem. (Frankfurt/M.) **6**, 345 (1956); Angew. Chem. **73**, 309 (1961).
5. *Wendlandt, H. G.* und *Glemser, O.*, Angew. Chem. **75**, 949 (1963).

3. Hydrothermale Kristallzüchtung und Synthese [1])

Bei der Kristallzüchtung und Synthese unter hydrothermalen Bedingungen erhitzt man feste Stoffe, die unter Normalbedingungen praktisch unlöslich sind, z. B. ein Oxid oder Hydroxid, in Wasser oder wäßrigen Lösungen. Als Reaktionsbehälter kommt dabei ein Autoklav zur Anwendung, dessen Druck über den Füllungsgrad geregelt oder mit einer Druckpumpe erzeugt wird.

Mit diesem Verfahren können Einkristalle von Aquoxiden und Oxiden mit genau definierter Reinheit und Vollkommenheit gezüchtet werden. So sind auf diesem Wege Einkristalle des trigonalen Quarzes, der als Schwingquarz hohe Bedeutung erlangt hat, erhältlich. Die Züchtung von Einkristallen dieser Tieftemperaturmodifikation des Quarzes ist nur auf hydrothermalem Wege möglich. In den letzten Jahrzehnten ist dieses Verfahren zur industriellen Methode entwickelt worden. Es können z. B. Einkristalle von SiO_2 und Al_2O_3 von mehreren kg Gewicht gewonnen werden.

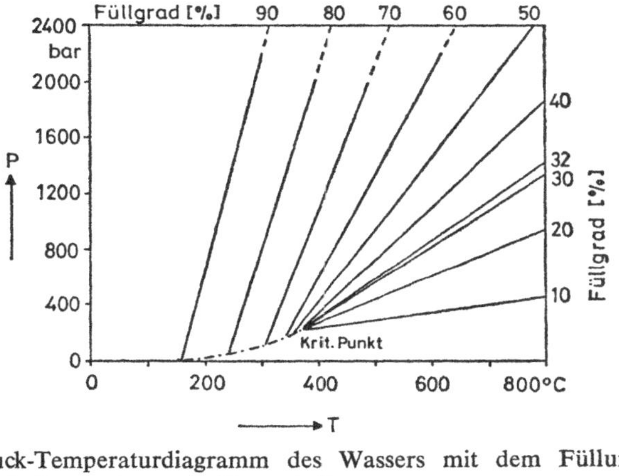

Abb. 1. Druck-Temperaturdiagramm des Wassers mit dem Füllungsgrad des Autoklaven als Parameter, nach *Kennedy* [2])

Die Besonderheiten des Hydrothermalverfahrens beruhen auf den physikalischen Eigenschaften des Wassers. Abb. 1 zeigt den Druck im Autoklavenraum als Funktion der Temperatur mit dem Füllungsgrad als Parameter. Der Füllungsgrad entspricht als Quotient aus Flüssigkeitsvolumen und Autoklavengefäßvolumen bei 20 °C gleichzeitig der Gesamtdichte. Oberhalb des kritischen Punktes ist dies die Dichte des fluiden Zustands. Die strichpunktierte Linie in der Abbildung ist die Gleichgewichtskurve für die Phasen Wasser und Wasserdampf, ihr Endpunkt ist der kritische Punkt.

In einem Autoklaven werden nur bei einem Füllungsgrad von 32% bei einer Temperaturerhöhung die kritischen Bedingungen des Wassers erreicht

($T_{krit.} = 374\ °C$; $P_{krit.} = 218$ atm; $d_{krit.} = 0{,}32\ g/cm^3$). Ist der Füllungsgrad $> 32\%$, dann wird die flüssige Phase schon vor Erreichung der kritischen Temperatur das ganze Gefäß ausfüllen; ist der Füllungsgrad $< 32\%$, dann wird im Gefäß schon vor Erreichen von $T_{krit.}$ eine Gasphase vorliegen.

Üblicherweise arbeitet man bei dem Hydrothermal-Verfahren mit Füllungsgraden zwischen 50 und 80% und Drücken von 200 bis 3000 bar. In diesem Bereich beträgt die Dielektrizitätskonstante, die bei Raumtemperatur einen Wert von etwa 80 hat, noch 10 bis 20, d. h. man kann Wasser auch unter hydrothermalen Bedingungen noch als polares Lösungsmittel ansehen; seine Dielektrizitätskonstante ist etwa mit der von Äthanol (24) oder Essigsäure (6) bei Zimmertemperatur zu vergleichen.

Für viele Aquoxide und Oxide, die bei Raumtemperatur und Normaldruck sehr schwer löslich sind, wird unter hydrothermalen Bedingungen eine Erhöhung der Löslichkeit erreicht, die jedoch für die Kristallzüchtung und Synthese, bei denen eine Löslichkeit von ≈ 2 bis 5 Gewichtsprozent vorliegen sollte, in der Regel nicht ausreicht. Die Löslichkeit dieser Stoffe kann dann durch sog. Mineralisatoren erhöht werden, das sind Stoffe, die mit den zu lösenden Substanzen Komplexe bilden. Als Beispiel möge das folgende Gleichgewicht dienen [3]):

$$LiGaO_2 + 2\,OH^- \rightleftharpoons Li^+ + GaO_3^{3-} + H_2O.$$

Die Reaktionsrichtung nach rechts ist der Lösungsvorgang, die Reaktionsrichtung nach links der Kristallisationsvorgang. Der Transport von $LiGaO_2$ durch die Lösung erfolgt somit durch die Ionen Li^+ und GaO_3^{3-}.

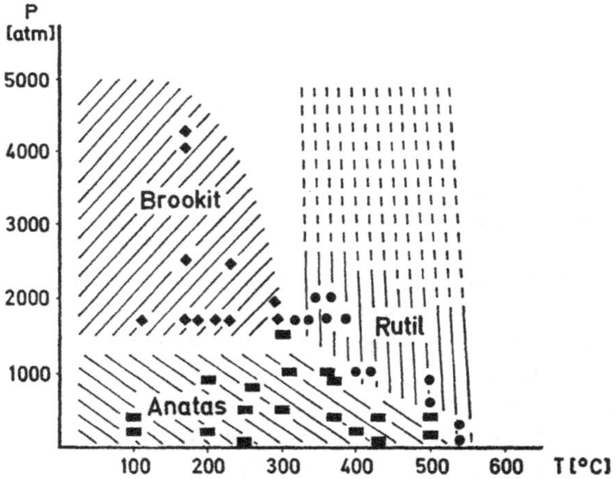

Abb. 2. P-T-Bedingungen für die hydrothermale Darstellung der TiO_2-Modifikationen, mit TiO_2, aq als Ausgangsmaterial (● = Rutil, ▬ = Anatas, ◆ = Brookit)

Als Mineralisatoren können wie bei obigem Gleichgewicht Substanzen wie NaOH, KOH und Na_2CO_3 angewandt werden oder bei anders gearteten Gleichgewichten Verbindungen wie HCl, HBr, HJ und NH_4Cl.

Die sich bei diesen Reaktionen einstellenden Gleichgewichte sind in der Regel temperaturabhängig. Es kann somit Oxidmaterial in einem Temperaturgradienten von Stellen höherer Löslichkeit zu Stellen niederer Löslichkeit transportiert werden.

Viele Untersuchungen unter hydrothermalen Bedingungen wurden auch durchgeführt, um die Phasengleichgewichte der Systeme Oxid – Wasser in Abhängigkeit von Druck und Temperatur zu erhalten. Allerdings ist dieses Ziel schwer zu erreichen. Auch das in Abb. 2 angeführte Diagramm des Systems TiO_2 ist kein Gleichgewichtsdiagramm.

Es gibt nur an, welche TiO_2-Modifikation aus Titandioxidaquat unter bestimmten Bedingungen der Temperatur und des Drucks entstehen [4].

Literatur

1. *Rabenau, A.* und *Rau, H.*, Philips Techn. Rdsch. **30,** 53 (1969/70);
   Christensen, A. N., Revue Chimie minér. **6,** 1187 (1969);
   Lobachev, A. N., Hydrothermal Synthesis of Crystals. A Special Research Report. Translated from Russian (New York-London 1971).
2. *Kennedy, G. C.*, Amer. J. Sci. **248,** 540 (1950).
3. *Marshall, D. J.* und *Laudise, R. A.*, J. Crystal Growth **1,** 88 (1967).
4. *Schwarzmann, E.* und *Ognibeni, K.-H.*, Z. Naturforschg. **29 b,** 435 (1974).

4. Hochdrucksynthese im wasserfreien Medium

Die moderne Hochdrucktechnik ermöglicht es, größere Substanzmengen einem statischen Druck von bis zu 150 kbar bei kontrollierten Temperaturen bis zu 2000 °C auszusetzen. Auf diese Weise kann eine große Anzahl von Mineralen und anderen Verbindungen, die z. T. nur bei hohen Drücken stabil sind, synthetisiert werden.

Setzt man z. B. MoO_3-MoO_2-Mischungen einem Druck von 25 kbar bei Temperaturen von 600—1000 °C aus, dann bildet sich $Mo_4O_{10}(OH)_2$ in Form ziemlich großer Kristalle. Die Bildung dieses Materials ist dabei auf die Anwesenheit von Pyrophyllit, $Al_2(OH)_2Si_4O_{10}$, das in dem Hochdruckapparat als Hochdruckmedium verwendet wird, zurückzuführen. Pyrophyllit gibt in diesem Temperaturbereich H_2 ab und dies führt dann zu der partiellen Reduktion von MoO_3 [1]).

Im Laboratorium hat man auch Hochdruckmodifikationen von SiO_2 herstellen können, so bei hohen Drücken den Coesit (Abb. 3) und bei noch höheren den Stishovit. Beide sind auch in der Natur gefunden worden, dort, wo hohe Temperaturen und Drücke beim Aufschlag von Meteoriten auf quarzhaltige Gesteine einwirkten. Aus den Messungen wird geschlossen, daß sich Quarz in der Erde bei Tiefen $<$ ca. 100 km nicht in Coesit bzw. Stishovit umwandeln kann.

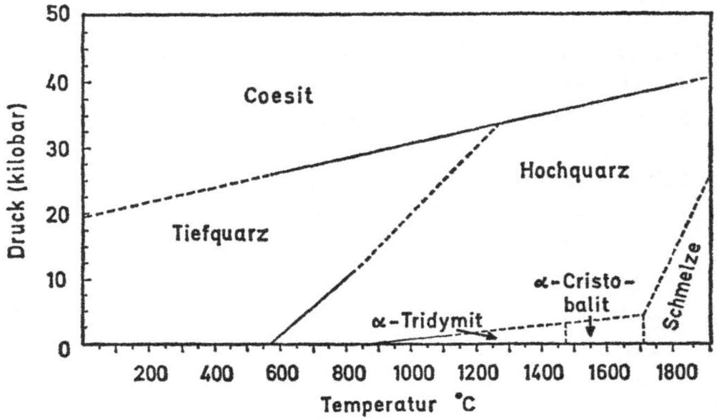

Abb. 3. Druck-Temperaturdiagramm des wasserfreien Systems SiO_2, nach *Boyd* und *England* [2])

Literatur

1. *Wilhelmi, K.-A.*, Acta Chem. Scand. **23**, 419 (1969).
2. *Boyd, F. R.* und *England, J. L.*, J. Geophys. Res. **65**, 749 (1960).

5. Aquoxide mit hydratisierten Protonen

In den letzten Jahren haben genaue Röntgenstrukturanalysen von einer Reihe von „Hydraten" der Oxosäuren gezeigt, daß in den Kristallgittern dieser Verbindungen einige oder alle Protonen fest an H_2O-Moleküle gebunden sind unter Bildung von H_3O^+-, $H_5O_2^+$- oder $H_7O_3^+$-Ionen. Im folgenden seien als Beispiele die Strukturen der „Hydrate" $HNO_3 \cdot H_2O$, $HClO_4 \cdot 2\,H_2O$ und $HNO_3 \cdot 3\,H_2O$ angeführt.

Die Kristallstruktur von $HNO_3 \cdot H_2O$ ($\triangleq H_3O^+NO_3^-$) besteht aus H_3O^+- und NO_3^--Ionen; beide Ionensorten besitzen angenähert trigonale Symmetrie. Das Oxonium-Ion *) H_3O^+ ist über Wasserstoffbrücken an drei verschiedene Nitrationen gebunden unter Ausbildung unendlicher Schichten [2]).

*) Das Ion H_3O^+, das in Wirklichkeit ein einfaches hydratisiertes Proton ist, wird als Oxonium-Ion bezeichnet, wenn man annimmt, daß es diese Zusammensetzung hat, wie z. B. in der Verbindung $H_3O^+ClO_4^-$, Oxonium-perchlorat. Wenn man durch den Namen keinen bestimmten Grad der Hydratation des Protons zum Ausdruck bringen will, wie z. B. in wäßrigen Lösungen, soll nicht der Name „Oxonium", sondern „Hydronium" gebraucht werden [1]).

Im Kristallgitter von $HClO_4 \cdot 2\,H_2O$ ($\triangleq H_5O_2^+ClO_4^-$) sind die H_2O-Moleküle über eine sehr kurze Wasserstoffbrückenbindung (2,424 Å) zu Paaren gebunden und bilden $H_5O_2^+$-Ionen. Mit der gewählten Raumgruppe Pnma befindet sich ein Symmetriezentrum in der Mitte der Wasserstoffbindung. Diese $H_5O_2^+$-Ionen sind mit den ClO_4^--Ionen durch Wasserstoffbrücken verknüpft unter Ausbildung von Schichten, die durch *van der Waals*-Kräfte zusammengehalten werden [3].

Die Struktur von $HNO_3 \cdot 3\,H_2O$ ($\triangleq H_7O_3^+NO_3^-$) weist Oxonium-Ionen auf; jedes dieser Ionen ist an zwei Wassermoleküle durch kurze Wasserstoffbrücken [2,482 (2) und 2,576 (2) Å] unter Bildung von Diaquaoxonium-Ionen $H_7O_3^+$ gebunden. Eine längere Wasserstoffbrücke [2,800 (2) Å] verbindet die $H_7O_3^+$-Gruppen miteinander unter Ausbildung von Spiralen. Diese Spiralen sind wiederum an NO_3^--Ionen gebunden unter Bildung eines dreidimensionalen Netzwerks [4].

Literatur

1. Richtsätze für die Nomenklatur der Anorganischen Chemie (Weinheim/Bergstr. 1970).
2. *Delaplane, R. G., Taesler, I.* und *Olovsson, I.*, Acta crystallogr. (Copenhagen), Sect. B **31,** 1486 (1975).
3. *Olovsson, I.*, J. Chem. Physics **49,** 1063 (1968).
4. *Taesler, I., Delaplane, R. G.* und *Olovsson, I.*, Acta crystallogr. (Copenhagen), Sect. B **31,** 1489 (1975).

6. Hydroxide und Oxide in der Matrix

Gasförmige Hydroxide und Oxide können durch rasches Ausfrieren bei der Temperatur des flüssigen Stickstoffs und der flüssigen Edelgase abgefangen und in dieser Matrix untersucht werden.

So sind z. B. die IR-Spektren von 4 Isotopen-Spezies des in einer He-Matrix isolierten monomeren Stickstoffdioxidhydroxids $(HO)NO_2$ aufgenommen worden [1]. Die Zuordnungen der einzelnen Schwingungen stimmen gut mit den in der gasförmigen und kondensierten Phase erzielten Beobachtungen überein. Ferner wurde gefunden, daß $(HO)NO_2$ dimerisieren kann und zyklische durch Wasserstoffbindung verbundene Komplexe ähnlich den Carboxylsäuren bildet. Für die Dimeren wird folgende Struktur vorgeschlagen:

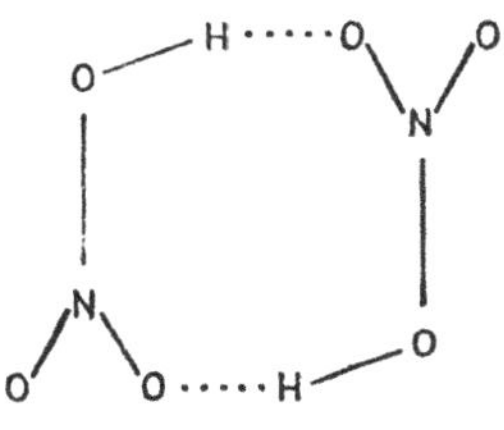

Mit der Matrix-Technik wurde auch bei Hochtemperaturreaktionen nachgewiesenes monomeres SiO neben $(SiO)_2$ und $(SiO)_3$ bei tiefen Temperaturen isoliert. Die Dissoziationsenergie des Monomeren beträgt 715 kJ/mol, was mindestens einer Doppelbindung entspricht. Unter normalen Bedingungen sind zweiwertige Si-Spezies thermodynamisch instabil.

Die Wechselwirkung zwischen Wasser und Kohlendioxid wurde in der Matrix untersucht. Die IR-Spektren von H_2O und CO_2, die zusammen in einer N_2-Matrix eingefangen worden sind, zeigen oberhalb 200 cm^{-1} alle Grundschwingungen eines nicht durch Wasserstoffbrücken gebundenen CO_2-Komplexes. Ein Beweis für einen durch H-Brücken gebundenen Komplex wurde nicht erhalten [2]).

Literatur

1. *Guillory, W. A.* und *Bernstein, M. L.*, J. Chem. Physics **62,** 1058 (1975).
2. *Fredin, L., Nelander, B.* und *Ribbegård, G.*, Chemica Scripta **7,** 11 (1975).

7. Lage der H-Atome im Gitter kristalliner Aquoxide

Wasserstoff-Atome in Kristallgittern lassen sich häufig durch Röntgenbeugung beobachten, ihre Lage aber kann nicht genau festgelegt werden. Die Neutronenbeugung [1]), welche zunehmend an Bedeutung gewinnt, und die ^{1}H-Kernmagnetische Resonanz sind hier als Methoden der Kristallstrukturbestimmung eine wertvolle Ergänzung der Röntgenbeugungsmethoden. Mit der Neutronenbeugung ist eine genaue Lokalisierung der H- bzw. D-Atome möglich. Das Streuvermögen von Wasserstoff für Röntgenstrahlen ist so klein, daß der Nachweis von Wasserstoff in den Röntgenbeugungsaufnahmen sehr schwierig ist und mit relativ großen Fehlern behaftet ist. Das Neutronenstreuvermögen von Wasserstoff ist dagegen annähernd gleich stark wie das der übrigen Elemente. Damit wird auch der Nachweis des Wasserstoffs entsprechend einfacher und die Genauigkeit der Parameter größer. Aus Neutronenbeugung und ^{1}H-Kernmagnetischer Resonanz ergeben sich die Abstände der Atomkerne. Die mit diesen Methoden ermittelten O–H-Abstände stimmen überein und sind von der Größenordnung 1 Å. Dagegen sind aus Röntgenbeugung (welche die Schwerpunkte der Elektronenverteilung wiedergibt) abgeleitete Abstände systematisch um etwa 0,15 Å kürzer (der Einfluß der thermischen Bewegung ist dabei bereits berücksichtigt).

Im Gitter zahlreicher Aquoxide liegt Wasserstoffbindung der Art O···H···O vor. In den meisten Fällen liegt eine gewinkelte O–H···O-Brücke vor. So beträgt im Diaspor, α-AlO(OH), der Winkel zwischen dem O–H-Vektor und der O(H)O-Verbindungslinie 12,1°. Hier ist — wie auch in anderen Fällen — eine Nichtlinearität der Wasserstoffbrücke energetisch gegenüber einer Verzerrung von Winkeln zwischen kovalenten Bindungen begünstigt. Das H-Atom in der nichtlinearen O_I–H···O_{II}-Brücke befindet sich naturgemäß in verschiedenen Abständen von O_I und O_{II}, da es kovalent an O_I oder O_{II} gebunden ist. Alle O–H···O-Bindungen der Länge $\geqq$ 2,65Å, in denen die H-Lagen festgelegt worden sind, sind unsymmetrisch.

Bei Verbindungen mit sehr kurzen Wasserstoffbrücken der Länge $\leqq$ 2,55 Å liegen gerade Wasserstoffbrücken vor. Beispiele für gerade Wasserstoffbrücken sind $HCrO_2$ und $HCoO_2$. Nach Neutronenbeugungsmessungen ist die Wasserstoffbrücke in $DCrO_2$ (Länge 2,55 Å) ohne Zweifel unsymmetrisch von der Art O–D···O. Dagegen ist beim $HCrO_2$ (Länge der Brücke 2,49 Å), wo IR-Daten eine symmetrische OHO-Bindung andeuten, eine definitive Entscheidung über die Symmetrie der Wasserstoffbrücke nicht möglich.

Aussagen über die Wasserstofflagen lassen sich auch indirekt aus Messungen der ^{1}H-Kernmagnetischen Resonanz machen. So wurde diese Methode angewandt, um die H-Atome in $Mg(OH)_2$ zu lokalisieren [2]). Aus H–H-Abständen wurde auf das Vorliegen von H_2O-Molekülen in $MoO_3 \cdot 2\,H_2O$ geschlossen.

Die Wasserstoffbindung in kristallinen Aquoxiden wurde auch mit Hilfe von IR- und Raman-Spektren untersucht. Beim Vorliegen von O–H···O-Brücken nimmt mit zunehmender Stärke der Wasserstoffbindung, d. h. mit abnehmendem O(H)O-Abstand, die OH-Valenzschwingungsfrequenz ab, die OH-Valenzschwingungsbande verbreitert sich, und die OH-Deformationsschwingungsfrequenz steigt an [3, 4]).

Literatur

1. *Will, G.*, Angew. Chem. **81,** 307 (1969).
2. *Ellemann, D. D.* und *Williams, D.*, J. Chem. Physics **25,** 742 (1956).
3. *Schwarzmann, E.*, Z. Naturforschg. **24 b,** 1104 (1969).
4. *Hartert, E.* und *Glemser, O.*, Z. Elektrochem. **60,** 746 (1956).

Zweiter Teil

Hydroxide und Oxide der Hauptgruppenelemente

1. Hydroxide, Hydroxidhydrate und Oxide der Alkalimetalle

a) Hydroxide

Die Hydroxide, MOH, sind farblose kristalline Verbindungen. Einkristalle lassen sich aus der Schmelze nach der Bridgman-Methode ziehen. LiOH bildet ein typisches Schichtgitter, in dem jedes $Li(OH)_4$-Tetraeder vier Kanten mit anderen Tetraedern gemeinsam hat. Die Verbindung ist dem PbO-Gitter antiisomorph. Mittels Neutronenbeugung wurde die Lage des Wasserstoffs in LiOH und die Wärmebewegung der verschiedenen Teilchenarten bestimmt. Der O–H-Abstand ergab sich zu 0,981 Å. Eine Polarisation des OH-Ions konnte nicht festgestellt werden [1]). Dies stimmt mit einer Untersuchung der deuteromagnetischen Resonanz an LiOD-Einkristallen überein [2]).

Die Hydroxide, MOH, der anderen Alkalimetalle sind polymorph. KOH ist bei normalen Temperaturen monoklin. Obwohl eine Neutronenbeugungsanalyse nicht ausgeführt worden ist, sind die Sauerstofflagen durch Röntgenbeugung festgelegt worden. Dabei ist zwischen den beiden möglichen Raumgruppen $P\,2_1/m$ und $P\,2_1$ nicht zu entscheiden, wohl aber aufgrund IR-spektroskopischer Daten. Beobachtet wurden zwei ν_{OH}-Banden bei 3556 und 3533 cm^{-1} (–180 °C); zwei Formeleinheiten in der Elementarzelle führen bei $P\,2_1/m$ zu einer ν_{OH}-Bande, bei $P\,2_1$ aber zu einer Doppelbande. Im Kristallgitter von KOH ist jedes K von einem verzerrten Oktaeder aus O-Atomen umgeben und die OH-Gruppen bilden eine zickzackförmige

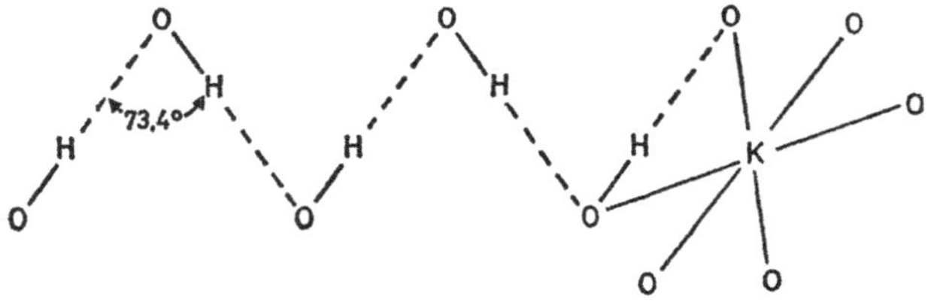

Abb. 4. O–H---O-Zickzackkette in kristallinem Kaliumhydroxid. Die Abweichung des O–H-Vektors von der O···O-Linie ist < 4°, nach *Ibers, Kumamoto* und *Snyder* [3])

Kette mit Wasserstoffbindungen [d(O – H · · · O) = 3,35 Å] [3]). Stereochemische Argumente sprechen dafür, daß die H-Atome in oder nahe bei der Ebene der O – O-Kette liegen. Aus der Interpretation der IR-Daten, die bei – 180 °C für KOH und KOD erhalten wurden, wird geschlossen, daß die H-Atome geordnete Positionen entlang der O – O-Kette mit O – H · · · O-Bindungen einnehmen, die nahezu oder genau linear sind (Abb. 4). Es wird vermutet, daß das Aufbrechen der O – H · · · O-Bindungen zur kubischen Hochtemperaturform von KOH führt.

Die Hydroxide sind in Wasser und Alkoholen löslich. Sie können unzersetzt bei 350—400 °C sublimiert werden. Ihre Dämpfe bestehen hauptsächlich aus Dimeren, $(MOH)_2$, für die eine planare, rautenförmige Struktur angenommen wird (Abb. 5).

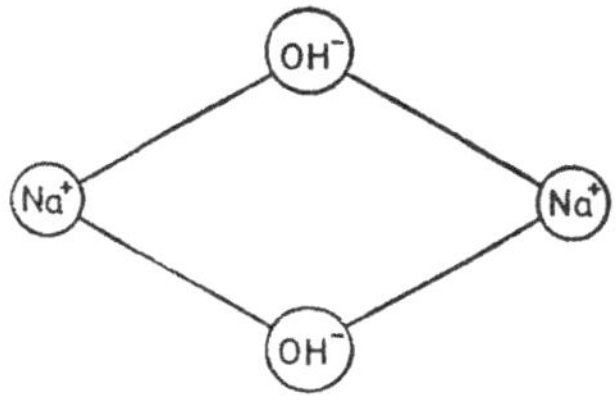

Abb. 5. Struktur des gasförmigen $Na_2(OH)_2$-Moleküls. Vorschlag von *Schoonmaker* und *Porter* [4])

Die Protonenaffinitäten für gasförmige LiOH-, NaOH-, KOH- und CsOH-Teilchen sind bestimmt worden [5]). Danach nimmt die Basenstärke von Li nach Cs zu, doch muß diese Reihenfolge nicht unbedingt auch für wäßrige oder alkoholische Lösungen gelten, in denen die Basenstärke des Hydroxids durch Lösungsmitteleffekte und Wasserstoffbindungen vermindert ist. Als Suspensionen in nicht-hydroxylischen Solvenzien wie 1,2-Dimethoxyäthan sind die Hydroxide sehr starke Basen; sie lassen sich gut einsetzen, um eine Vielfalt schwacher Basen zu deprotonieren, wie etwa Cyclopentadien C_5H_6 (pK $\approx$ 16) oder Phosphin PH_3 (pK $\approx$ 27) [6]).

b) Hydroxidhydrate

In wäßrigen Systemen bilden die Alkalihydroxide viele kristalline Hydroxidhydrate, z. B. $LiOH \cdot H_2O$. In dieser Verbindung ist jedes Li-Atom annä-

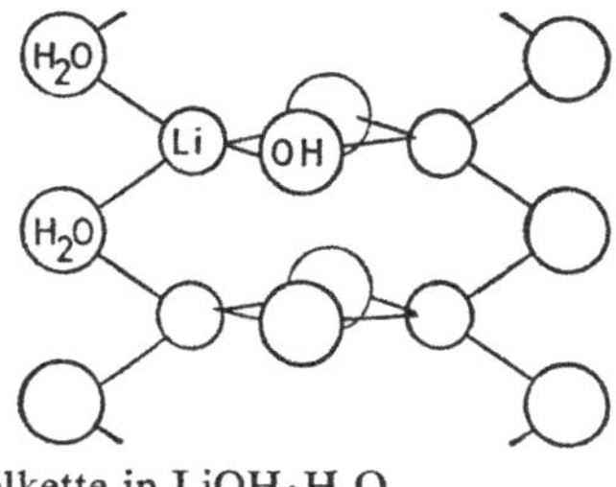

Abb. 6. Teil einer Doppelkette in $LiOH \cdot H_2O$

hernd tetraedrisch von 2 O aus OH^--Gruppen und von 2 O aus H_2O-Molekülen umgeben. Diese tetraedrischen Gruppen haben eine Kante und zwei Ecken gemeinsam und bilden Doppelketten (Abb. 6), welche seitlich durch Wasserstoffbindungen zwischen OH^--Ionen und H_2O-Molekülen zusammengehalten werden. Jedes H_2O-Molekül besitzt also 4 tetraedrisch angeordnete Nachbarn, 2 Li^+ und 2 OH^- von verschiedenen Ketten [7]).

c) Oxide

Beim Verbrennen der Alkalimetalle an der Luft oder im Sauerstoffstrom bei 1 atm bildet sich jeweils das thermodynamisch stabilste Oxid: im Fall des Lithiums das Oxid Li_2O mit höchstens einer Spur Li_2O_2, während die anderen Alkalioxide M_2O zu den Peroxiden M_2O_2 und (im Fall von K, Rb und Cs) zu den Hyperoxiden MO_2 weiterreagieren. Ozonide MO_3 bilden sich bei der Reaktion der Hydroxide MOH (M = Na, K, Rb, Cs) mit Ozon.

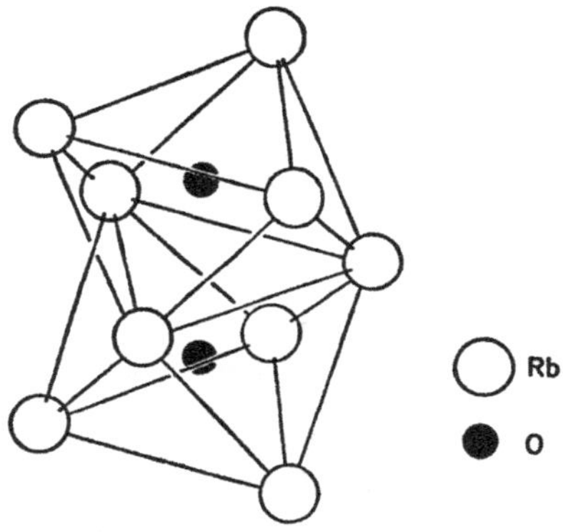

Abb. 7. $[Rb_9O_2]$-Gruppierung in Rb_9O_2 und Rb_6O, nach *Simon* [9])

Li_2O, Na_2O, K_2O und Rb_2O bilden Kristallgitter vom Antifluorit-Typ mit Ausnahme von Cs_2O, das eine Anti-$CdCl_2$-Struktur besitzt und das einzige bekannte Oxid dieses Gittertyps ist. Im Cs_2O deuten ein anomal großer Cs—Cs-Abstand und ein kurzer Cs—O-Abstand auf eine beträchtliche Polarisation des Cs^+-Ions hin [8]).

Rubidium und Cäsium bilden nicht-stöchiometrische Suboxide von metallischem Charakter. Beispiele sind Rb_9O_2, Rb_6O und Cs_7O.

Rb_9O_2 bildet metallisch glänzende, kupferrote und spröde Kristallplättchen, die bei 40 °C inkongruent unter (γ-)Rb_2O-Bildung schmelzen und mit H_2O unter Entflammung reagieren. Im Rb_9O_2 sind zwei ORb_6-Oktaeder über eine Fläche verknüpft (Abb. 7). Die Verbindung läßt sich als ein „Metall" auffassen, in dem (formal 5fach positiv geladene) $[Rb_9O_2]$-„Rümpfe" mit wesentlich (kovalent-)ionischem Bindungscharakter neben freien, über den Gitterverband delokalisierten Elektronen vorliegen [9]).

Im Rb_6O treten $[Rb_9O_2]$-Gruppen auf, die denen in Rb_9O_2 bis in geometrische Details gleichen. Diese für die Suboxide des Rubidiums offenbar charakteristischen $[Rb_9O_2]$-Komplexe sind — anstelle der $[Cs_{11}O_3]$-Komplexe in Cs_7O — in geordneter Weise in eine rein metallische Matrix eingefügt [9]).

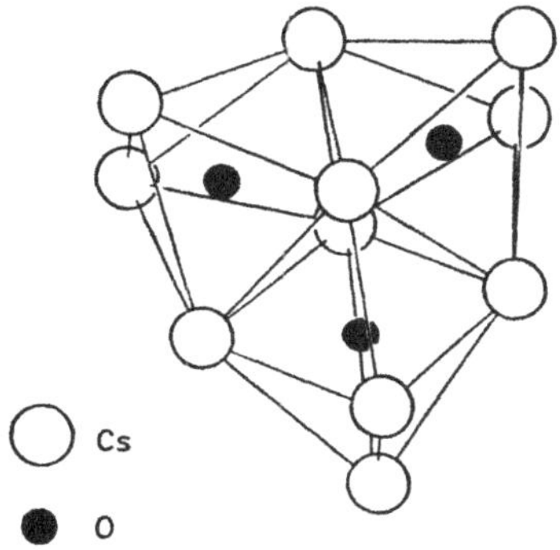

Abb. 8. $[Cs_{11}O_3]$-Gruppierung in Cs_7O, nach *Simon* [10])

Cs_7O ist eine bronzefarbene Verbindung, die bei 4,3 °C kongruent schmilzt und heftig mit Sauerstoff und Wasser reagiert. Der Aufbau von Cs_7O entspricht der Formulierung $[Cs_{11}O_3]Cs_{10}$. Drei OCs_6-Oktaeder bilden durch Flächenverknüpfung die in Abb. 8 wiedergegebene trigonale $[Cs_{11}O_3]$-Gruppierung. Diese $[Cs_{11}O_3]$-Einheiten sind in geordneter Weise in eine rein metallische Cs-Matrix eingefügt [10]).

Literatur

1. *Dachs, H.*, Z. Kristallogr., Kristallgeometr., Kristallphysik, Kristallchem. **112,** 60 (1959).
2. *Chiba, T.*, J. Chem. Physics **47,** 1592 (1967); ibid. **47,** 5461 (1967).
3. *Ibers, J. A., Kumamoto, J.* und *Snyder, R. G.*, J. Chem. Physics **33,** 1164 (1960); *Snyder, R. G., Kumamoto, J.* und *Ibers, J. A.*, ibid. **33,** 1171 (1960).
4. *Schoonmaker, R. C.* und *Porter, R. F.*, J. Chem. Physics **31,** 830 (1959); *Porter, R. F.* und *Schoonmaker, R. C.*, J. Physic. Chem. **63,** 2089 (1959).
5. *Searles, S. K., Džidić, I.* und *Kebarle, P.*, J. Amer. Chem. Soc. **91,** 2810 (1969).
6. *Jolly, W. L.*, Inorg. Chem. **6,** 1435 (1967).
7. *Alcock, N. W.*, Acta crystallogr. (Copenhagen), Sect. B **27,** 1682 (1971).
8. *Tsai, K.-R., Harris, P. M.* und *Lassettre, E. N.*, J. Physic. Chem. **60,** 338 (1956).
9. *Simon, A.*, Naturwiss. **58,** 623 (1971).
10. *Simon, A.*, Naturwiss. **58,** 622 (1971).

2. Hydroxide und Oxide des Berylliums

a) *Hydroxide*

$Be(OH)_2$ kommt in drei Formen vor: einer gallertartigen und zwei kristallinen Modifikationen. Die metastabile Form kristallisiert tetragonal. Die stabile Modifikation besitzt eine orthorhombische Zelle und ist isostrukturell mit der stabilen (ε-)Form von $Zn(OH)_2$. Das Berylliumatom ist darin tetraedrisch von vier OH-Gruppen umgeben. $Be(OH)_2$ unterscheidet sich von der Mehrheit der Hydroxide zweiwertiger Metalle dadurch, daß es kein Schichtgitter besitzt. Dieser Unterschied kann zum einen auf die hohe Feldstärke des Be^{2+}-Ions zurückgeführt werden, was dazu führt, daß die OH-Gruppen in einer dichter gepackten Struktur als in einem Schichtgitter angeordnet sind, zum anderen auf die Unfähigkeit des Berylliums, eine Koordinationszahl > 4 anzunehmen.

Erst > 950 °C verliert $Be(OH)_2$ alles Wasser und wandelt sich in BeO um. Oberhalb 1200 °C tritt $Be(OH)_2$ in der Dampfphase auf [1]). Bei Temperaturen zwischen 1300 und 1600 °C reagiert BeO, $BeO \cdot Al_2O_3$ und $BeO \cdot 3\,Al_2O_3$ mit Wasserdampf unter Bildung von gasförmigem $Be(OH)_2$. Die Formel des gasförmigen Hydroxids ist aber unsicher. Die Beobachtung, daß bei der BeO-Verdampfung vor allem $(BeO)_3$- und $(BeO)_4$-Moleküle auftreten [2]), könnte ein Hinweis dafür sein, daß in Gegenwart von Wasserdampf Hydroxid-Moleküle, die mehrere Be-Atome enthalten, gebildet werden.

b) *Oxide*

Die Tieftemperaturmodifikation α-BeO kristallisiert im Wurtzit-Gitter. Die Hochtemperaturmodifikation β-BeO, ein neuer Strukturtyp von AB-Verbindungen, entsteht aus α-BeO zwischen 2050 und 2100 °C [3]). Die Struktur dieser Modifikation ist eng verwandt mit dem Rutilgitter. In beiden

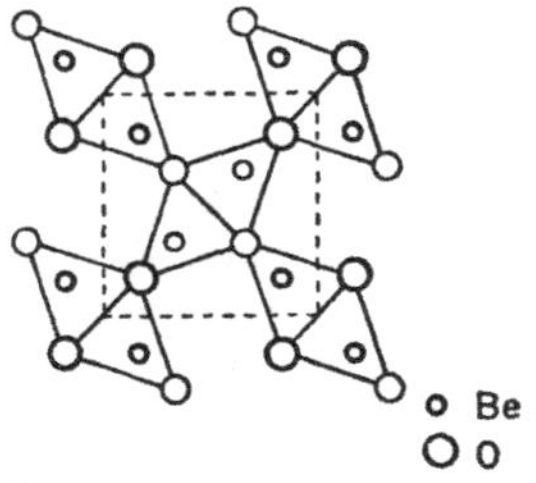

Abb. 9. Struktur von β—BeO

Formen liegt die gleiche Anordnung der Sauerstoffatome vor. Im β-BeO haben Paare von BeO_4-Tetraedern eine Kante gemeinsam und diese Paare sind dann über Ecken miteinander verknüpft (Abb. 9). Diese Hochtemperatur-Phase kann nicht abgeschreckt werden.

Mit Al_2O_3 bildet BeO zwei Verbindungen, $Be_3Al_2O_6$ und $BeAl_2O_4$ (Chrysoberyll). Im System CaO – BeO tritt die Phase $Ca_2Be_3O_5$ auf [4]). Kristallines $K_4[Be_2O_4]$ ist ein Oxoberyllat mit Inselstruktur [5]).

Literatur

1. *Young, W. A.*, J. Physic. Chem. **64,** 1003 (1960).
2. *Chupka, W. A., Berkowitz, J.* und *Giese, C. F.*, J. Chem. Physics **30,** 827 (1959).
3. *Smith, D. K., Cline, C. F.* und *Austerman, S. B.*, Acta crystallogr. (Copenhagen) **18,** 393 (1965).
4. *Miller, R. P.* und *Mercer, R. A.*, Nature (London) **202,** 581 (1964).
5. *Kastner, P.* und *Hoppe, R.*, Naturwiss. **61,** 79 (1974).

3. Hydroxide, Hydroxidhydrate und Oxide von Mg, Ca, Sr und Ba

a) Hydroxide und Hydroxidhydrate

$Mg(OH)_2$ (Brucit) und $Ca(OH)_2$ kristallisieren in einem Schichtgitter vom CdJ_2-Typ. Nach Neutronenbeugungsmessungen [1]) und den IR- und *Raman*-Spektren [2]) liegen die O – H-Bindungen senkrecht zu den Schichten (Abb. 10).

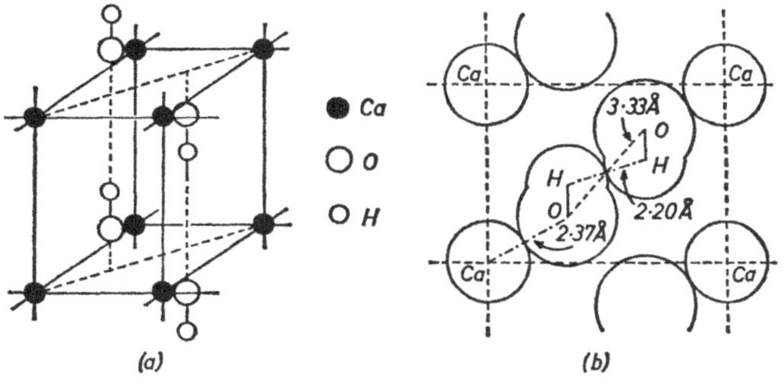

Abb. 10. Kristallstruktur von $Ca(OH)_2$. (a) Einheitszelle. (b) Ausschnitt parallel der (110)-Ebene. Ca^{2+}-Ionen sitzen auf den Ecken der Zelle, OH^--Ionen auf den Linien $\frac{1}{3}\,\frac{2}{3}\,z$ und $\frac{2}{3}\,\frac{1}{3}\,z$, nach *Busing* und *Levy* [1])

Im System $Sr(OH)_2 – H_2O$ existieren die Verbindungen $Sr(OH)_2$, $Sr(OH)_2 \cdot H_2O$, und $Sr(OH)_2 \cdot 8\,H_2O$ [3]). Die Kristallstruktur von $Sr(OH)_2$, die bis auf die H-Atome bestimmt wurde, stellt einen neuen Strukturtyp dar. Jedes Sr^{2+}-Ion ist von sieben OH^--Ionen umgeben. Die zugehörigen Koordinationspolyeder sind über gemeinsame Kanten in allen drei Raumrichtungen vernetzt. Die geometrische Anordnung der Polyeder weist eine bemerkenswerte Beziehung zur Kristallstruktur von YOOH auf [4]). Die

Struktur von $Sr(OH)_2 \cdot H_2O$ (und von dem isostrukturellen $Eu(OH)_2 \cdot H_2O$) ist wegen der Koordinationsverhältnisse interessant. Jedes Sr^{2+}-Ion ist von 6 OH-Gruppen und 2 Wassermolekülen umgeben. Die OH-Gruppen sind in einem trigonalen Prisma angeordnet, die Wassermoleküle liegen oberhalb von zwei der drei Prismenflächen.

Im System $Ba(OH)_2 - H_2O$ treten die Verbindungen $Ba(OH)_2$, $Ba(OH)_2 \cdot H_2O$, $Ba(OH)_2 \cdot 3\,H_2O$ und $Ba(OH)_2 \cdot 8\,H_2O$ auf [5]). Kristalldaten der Hochtemperaturform α-$Ba(OH)_2$ sind bekannt, doch ist die komplexe Struktur noch nicht bestimmt worden.

b) Oxide

Die Erdalkalioxide, MO, kristallisieren in Ionengittern vom NaCl-Typ. Eine wichtige Mg-Verbindung ist der Spinell $MgAl_2O_4$. Spinelle sind in der Natur weit verbreitet. Mg^{2+} und Al^{3+} können darin durch andere Ionen M^{2+} bzw. M^{3+} ersetzt werden, wie z. B. Zn^{2+}, Co^{2+}, Ni^{2+}, Fe^{3+} und Cr^{3+}. $MgAl_2O_4$ besitzt nach Neutronenbeugungsmessungen eine normale Spinellstruktur. Dagegen ist der $MgFe_2O_4$-Spinell im wesentlichen invers.

Alle Erdalkalimetalle bilden Peroxide MO_2 mit O_2^{2-}-Ionen [6]). Hyperoxide von Ca, Sr und Ba enthalten O_2^--Ionen. So enthält das Produkt, das sich bei der Disproportionierung von $SrO_2 \cdot 2\,H_2O_2$ bildet, nach ESR-Daten $Sr(O_2)_2$ mit einem paramagnetischen O_2^--Ion [7]). Ozonide von Ca und Ba enthalten O_3^--Ionen. $Ba(O_3)_2$ bildet sich bei der Reaktion von O_3 mit BaO_2 in Freon-12 bei —100 bis —105 °C. Das Ozonid ist bis —70 °C stabil. Das erste Zersetzungsprodukt ist $Ba(O_2)_2$. Die $BaO_2 - O_3$-Reaktion wurde durch ESR-Spektren verfolgt [8]). Ca-, Sr- und Ba-Peroxide kristallisieren im BaO_2-Typ (CaC_2-Typ); MgO_2 hat FeS_2-Struktur (Pyrit-Typ). Oktahydrate von Ca-, Sr- und Ba-Peroxid und Dihydrogendiperoxide $M(HO_2)_2$ von Sr und Ba sind bekannt.

Literatur

1. *Busing, W. R.* und *Levy, H. A.,* J. Chem. Physics **26,** 563 (1957).
2. *Dawson, P., Hadfield, C. D.* und *Wilkinson, G. R.,* J. Physics Chem. Solids **34,** 1217 (1973).
3. *Lutz, H. D.,* Z. Naturforsch. **20 b,** 491 (1965); *Bärnighausen, H.* und *Weidlein, J.,* Acta crystallogr. (Copenhagen), Sect. B **19,** 1048 (1965); ibid. **22,** 252 (1967); *Lutz, H. D., Heider, R.* und *Becker, R.-A.,* Spectrochim. Acta, Part A **28,** 871 (1972).
4. *Grueninger, H. W.* und *Bärnighausen, H.,* Z. anorg. allg. Chem. **368,** 53 (1969).
5. *Michaud, M.,* Rev. Chim. minérale **5,** 89 (1968); *Buck, P.* und *Bärnighausen, H.,* Acta crystallogr. (Copenhagen), Sect. B **24,** 1705 (1968).
6. *Vannerberg, N.-G.,* Progr. inorg. Chem. **4,** 125 (1962).
7. *Belevsky, V. N., Vol'nov, I. I.* und *Tokareva, S. A.,* Izvest. Akad. Nauk SSSR, Ser. chim. 1415 (1972); Chem. Abstr. **77,** 95097 p (1972).
8. *Vol'nov, I. I.,* Izvest. Akad. Nauk SSSR, Ser. chim. 1235 (1972); Chem. Abstr. **77,** 96317 x (1972).

4. Oxosäuren und Oxide des Bors

a) Orthoborsäure $B(OH)_3$

Die Struktur der festen Orthoborsäure besteht aus einer planaren Anordnung von BO_3-Einheiten, die über unsymmetrische Wasserstoffbrücken so miteinander verbunden sind, daß unendliche Schichten nahezu hexagonaler Symmetrie entstehen. Nach Neutronenbeugungsmessungen an $B(OD)_3$ ist der Abstand O – D 0,97 Å. Die lineare O – D · · · O-Brücke besitzt eine Länge von 2,71 Å [1]). Die Schichten, zwischen denen nur *van der Waals*-Kräfte wirksam sind, liegen weit (3,18 Å) auseinander, was die schuppige Ausbildung der farblosen Kristalle erklärt (Abb. 11).

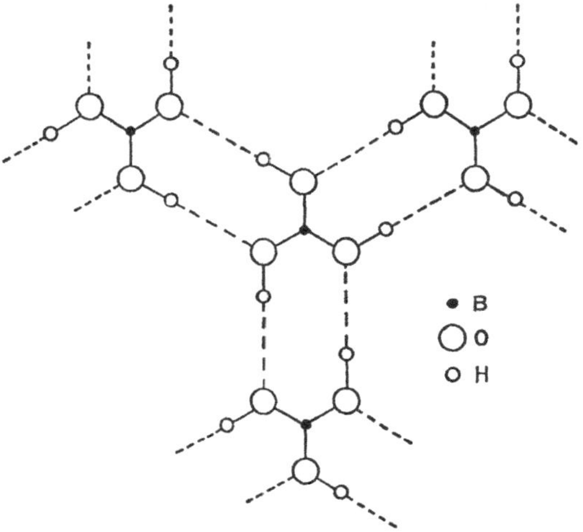

Abb. 11. Verknüpfung der planaren $B(OH)_3$-Moleküle durch lineare OHO-Wasserstoffbrücken in den Schichten der Orthoborsäure

Orthoborsäure ist in Wasserdampf flüchtig. Ihre Löslichkeit in Wasser nimmt mit steigender Temperatur rasch zu. In Lösung liegt sie im wesentlichen monomer und undissoziiert vor.

Orthoborsäure ist eine sehr schwache einbasige Säure, die nicht als Protondonor, sondern als Lewis-Säure unter Aufnahme von OH^- reagiert:

$$B(OH)_3 + 2\,H_2O \rightleftharpoons H_3O^+ + B(OH)_4^- \qquad pK = 9{,}25.$$

Bei Konzentrationen $\leqq 0.025$ M enthalten die Lösungen im wesentlichen nur einkernige Gruppen $B(OH)_3$ und $B(OH)_4^-$; bei höheren Konzentrationen nimmt die Acidität zu. pH-Messungen sprechen für die Bildung von polymeren Gruppen, wie zum Beispiel

$$3\,B(OH)_3 \rightleftharpoons H_3O^+ + H_2O + B_3O_3(OH)_4^- \qquad pK = 6{,}84.$$

b) *Metaborsäure HBO_2*

Orthoborsäure verliert beim Erhitzen infolge intermolekularer Kondensation stufenweise Wasser. Die Zwischenstufe HBO_2 existiert in drei Modifikationen. Erhitzt man $B(OH)_3$ auf weniger als 130 °C, so bildet sich orthorhombische cyclo-Triborsäure (α-Metaborsäure; HBO_2-III). Bei längerem Erhitzen von HBO_2-III auf 130—150 °C entsteht HBO_2-II (β-Metaborsäure). Die kubische Modifikation von Metaborsäure (γ-Metaborsäure; HBO_2-I) bildet sich aus HBO_2-II bei Temperaturen $>$ 150 °C.

Den Molekülen der α-Metaborsäure liegt der planare Boroxolring zugrunde. Die einzelnen Moleküle sind durch unsymmetrische Wasserstoffbrücken miteinander verbunden (Abb. 12). Die Struktur der monoklin kristallisierenden β-Metaborsäure ist aus endlosen Zickzack-Ketten der Zusammensetzung $[B_3O_4(OH)(OH_2)]_\infty$ aufgebaut, mit Wasserstoffbrücken [O(H)···O-Abstände 2,676 bis 2,685 Å] zwischen den Ketten. Die kubische Modifikation, γ-HBO_2, besteht aus einem dreidimensionalen Netzwerk von BO_4-Tetraedern und kurzen Wasserstoffbrücken [O(H)···O-Abstand 2,487 Å] [2]).

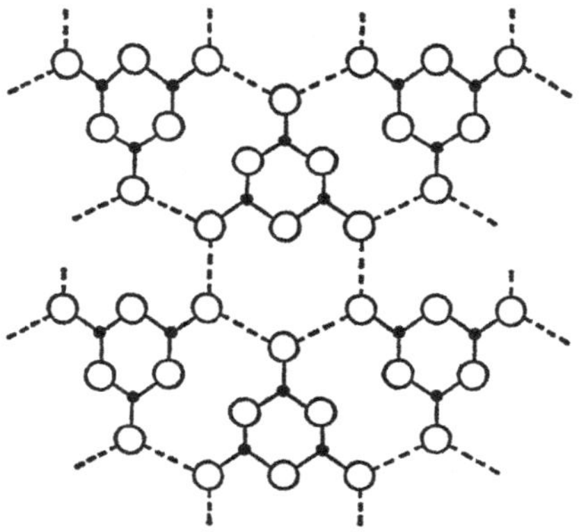

Abb. 12. Anordnung der Atome in der cyclo-Triborsäure $B_3O_3(OH)_3$

Hypoborsäure, $B_2(OH)_4$, entsteht bei der Hydrolyse von $(Me_2N)_2B-B(NMe_2)_2$. Für diese Verbindung nimmt man die Struktur $(HO)_2B-B(OH)_2$ an [3]).

c) *Borate* [4])

Wasserfreie Borate bilden sich beim Zusammenschmelzen von Orthoborsäure mit Metalloxiden. Sowohl die in der Natur vorkommenden Verbindungen als auch die aus wässerigen Lösungen umkristallisierten Salze sind fast alle hydratisiert und enthalten OH-Gruppen und/oder H_2O-Moleküle.

Monoborate enthalten das dreieckig planare BO_3^{3-}-Ion und die tetraedrischen BO_4^{5-}- und $B(OH)_4^-$-Ionen. In Diboraten liegt das trigonal planare $[O_2BOBO_2]^{4-}$-Ion und das tetraedrische $[(HO)_3BOB(OH)_3]^{2-}$-Ion vor. Die Tri-, Tetra- und Pentaborate enthalten den Boroxolring B_3O_3, und zwar entweder isoliert oder kondensiert mit einem zweiten Ring oder spirocyclisch über ein gemeinsames Boratom mit einem zweiten Ring verbunden. Die hochmolekularen Metaborate, z. B. $Ca(BO_2)_2$, enthalten kettenförmige Anionen, die eventuell noch untereinander zu Schichten verbunden sind.

d) Bor(III)-oxid B_2O_3

Das wichtigste Boroxid, B_2O_3, läßt sich nur unter größten Schwierigkeiten kristallisieren. Sein Phasendiagramm ist bekannt (Abb. 13) [5]. Die hexagonale α-Form (B_2O_3-I) kann bei höherem Druck und höherer Temperatur (z. B. 22 kbar; 400 °C) in eine monokline β-Form (B_2O_3-II) umgewandelt werden [6]. Die Hochdruckform, β-B_2O_3, hat eine ungefähr 20% höhere Dichte als die α-Modifikation.

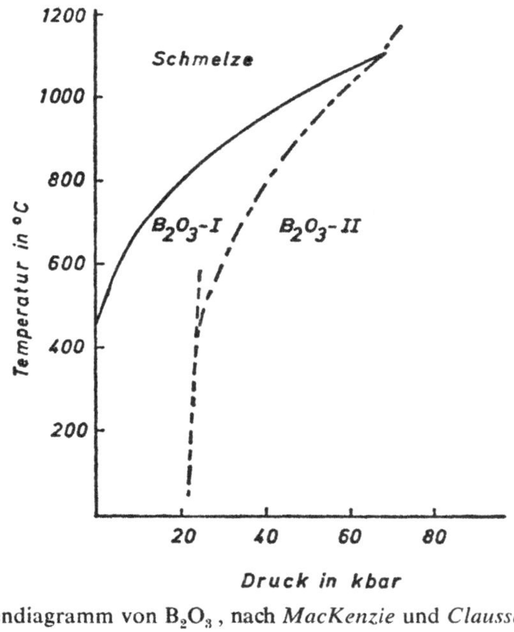

Abb. 13. Phasendiagramm von B_2O_3, nach *MacKenzie* und *Claussen* [5])

Die normale Form besitzt ein dreidimensionales Netzwerk von BO_3-Gruppen, die über ihre O-Atome verknüpft sind [7]). Die Hochdruckform ist aus über Ecken verbundenen BO_4-Tetraedern aufgebaut [8]).

Bei Temperaturen $>1000\,°C$ verdampft B_2O_3 in Form V-förmiger Moleküle mit C_{2v}-Symmetrie, in denen die Boratome sp-hybridisiert sind [9, 10]:

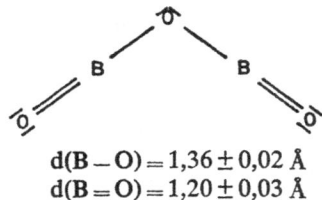

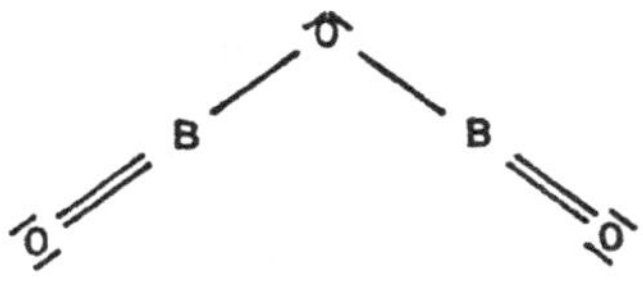

$$d(B-O) = 1{,}36 \pm 0{,}02\ \text{Å}$$
$$d(B=O) = 1{,}20 \pm 0{,}03\ \text{Å}$$

Der B–O–B-Winkel ist unsicher, er kann zwischen 95° und 125° liegen. Bei massenspektrometrischen Untersuchungen wurde gasförmiges BO_2 beobachtet [11].

B_2O_3 ist hygroskopisch und reagiert mit Wasser zu Orthoborsäure, $B(OH)_3$. In einem heißen, feuchten Gasstrom bildet sich vorzugsweise flüchtige Metaborsäure [12]. Das Oxid löst als Schmelze viele Metalloxide unter Bildung von Boratgläsern. Das Problem der Vernetzung von BO_3-Dreiecken und BO_4-Tetraedern in diesen Gläsern konnte durch IR- und besonders durch NMR-Messungen in einigen Fällen einer Lösung näher gebracht werden [13].

e) Borsuboxide

Das niedere Oxid BO besitzt eine undefinierte Struktur. Anscheinend liegen B–B- und B–O-Bindungen vor. Bei etwa 1300 °C verdampft es in Form von B_2O_2-Molekülen. Das Oxid wird durch Erhitzen von Hypoborsäure, $B_2(OH)_4$, bei 250 °C und <1 Torr erhalten. Weitere Suboxide sind in der Literatur beschrieben worden. So reagiert Bor mit Sauerstoff zwischen 1250 und 1400 °C bei Normaldruck zu einem Suboxid der ungefähren Zusammensetzung B_7O [14, 15]. Ein anderes Suboxid mit der Zusammensetzung B_2O ist isoelektronisch mit Graphit. Es bildet sich bei der Reduktion von B_2O_3 mit B oder Li bei 1200 bis 1800 °C und 50 bis 70 kbar. Die Lagen der B- und O-Atome in der graphitähnlichen Struktur von B_2O sind nicht genau festgelegt worden [16].

Literatur

1. *Craven, B. M.* und *Sabine, T. M.*, Acta crystallogr. (Copenhagen) **20,** 214 (1966).
2. *Zachariasen, W. H.*, Acta crystallogr. (Copenhagen) **16,** 380 (1963).
3. *Wartik, T.* und *Apple, E. F.*, J. Amer. Chem. Soc. **77,** 6400 (1955); *McCloskey, A. L., Boone, J. L.* und *Brotherton, R. J.*, J. Amer. Chem. Soc. **83,** 1766 und 4750 (1961).
4. *Steudel, R.*, Chemie der Nichtmetalle, S. 455 (Berlin-New York 1974).
5. *MacKenzie, J. D.* und *Claussen, W. F.*, J. Amer. Ceram. Soc. **44,** 79 (1961).
6. *Dachille, F.* und *Roy, R.*, J. Amer. Ceram. Soc. **42,** 78 (1959).

7. *Gurr, G. E., Montgomery, P. W., Knutson, C. D.* und *Gorres, B. T.*, Acta crystallogr. (Copenhagen), Sect B **26**, 906 (1970); *Strong, S. L., Wells, A. F.* und *Kaplow, R.*, ibid. **27**, 1662 (1971); *Rhee, C.* und *Bray, P. J.*, J. Chem. Physics **56**, 2476 (1972).
8. *Prewitt, C. T.* und *Shannon, R. D.*, Acta crystallogr. (Copenhagen), Sect. B **24**, 869 (1968).
9. *Kaiser, E. W., Muenter, J. S.* und *Klemperer, W.*, J. Chem. Physics **48**, 3339 (1968).
10. *Akishin, P. A.* und *Spiridonov, V. P.*, Doklady Akad. Nauk SSSR **131**, 557 (1960).
11. *Uy, O. M., Srivastava, R. D.* und *Farber, M.*, High Temperature Sci. **3**, 462 (1971); Chem. Abstr. **76**, 77375 c (1972).
12. *Margrave, J. L.*, J. Physic. Chem. **60**, 715 (1956); *Meschi, D. J., Chupka, W. A.* und *Berkowitz, J.*, J. Chem. Physics **33**, 530 (1960).
13. *Bray, P. J.*, et al., Phys. Chem. Glasses **4**, 37 und 47 (1963); **6**, 113 (1965).
14. *Holcombe, Jr., C. E.* und *Horne, Jr., O. J.*, J. Amer. Ceram. Soc. **55**, 106 (1972).
15. *Jean-Blain, H.* und *Cueilleron, J.*, C. R. hebd. Séances Acad. Sci., Sér. C **277**, 977 (1973).
16. *Hall, H. T.* und *Compton, L. A.*, Inorg. Chem. **4**, 1213 (1965).

5. Hydroxide und Oxide von Al, Ga, In und Tl

a) *Aluminiumhydroxid* $Al(OH)_3$

Drei Formen des Trihydroxids, $Al(OH)_3$, sind bekannt: Hydrargillit (Gibbsit), Bayerit und Nordstrandit. Bayerit tritt als stabile Modifikation des chemisch reinen, insbesondere alkalifreien $Al(OH)_3$ auf, auch gemeinsam mit der Modifikation Nordstrandit. Hydrargillit enthält dagegen immer Alkaliionen [1]).

Hydrargillit ist der Hauptbestandteil der Bauxite in Nord- und Südamerika. In der Technik ist es das wichtigste Hydroxid, da es intermediär im Bayer-Prozeß auftritt. Es bildet sich beim Einleiten von CO_2 in Natriumaluminat-Lösung und anschließendem Auskristallisieren bei 80 °C [2]). Bayerit tritt in der Natur nicht auf. Man erhält es als weißen Niederschlag, wenn CO_2 bei 20 °C in alkalische Aluminat-Lösungen eingeleitet wird [2]). Nordstrandit bildet sich beim Altern des Hydroxidgels in Gegenwart eines Chelatbildners, z. B. Äthylendiamin, Äthylenglykol oder EDTA [2]). Vereinzelt tritt es in der Natur auf.

Das Gitter des Hydrargillits ist ein ausgesprochenes Schichtengitter. Die Sauerstoffatome bilden eine etwas verzerrte dichteste Kugelpackung. Jedes Al-Atom wird von sechs O-Atomen umgeben, die die Ecken eines verzerrten Oktaeders besetzen. Je sechs solcher Oktaeder sind in einer Ebene derart angeordnet, daß eine stark pseudohexagonale Anordnung auftritt. Jedes Oktaeder hat mit den beiden benachbarten Oktaedern je eine Kante gemeinsam. Solche Lagen wiederholen sich in Abständen von c/2. Die dichteste Packung der O-Atome ist folgendermaßen: Bezeichnet man die Folge in der idealen hexagonalen dichtesten Kugelpackung mit ABABAB . . ., so ist die Anordnung im Hydrargillit ABBAAB . . . Die H-Lagen wurden bestimmt [3]).

Die pseudotrigonale Schichtstruktur des Bayerits, in der die O-Atome annähernd eine hexagonal dichteste Kugelpackung bilden, ist in der Weise verzerrt, daß die O – O-Abstände in der Nachbarschaft eines Al-Atoms und noch mehr in der zweier Al-Atome verkürzt sind. Die O – Al – O-Schichtpakete gleichen weitgehend denen im Hydrargillit. Aufgrund von Neutronenbeugungsmessungen erscheint eine Wasserstoffanordnung möglich, bei der ein Drittel der H-Atome ungefähr in O-Schichten in oktaedrischen Lücken und zwei Drittel in tetraedrischen Lücken zwischen den O – Al – O-Schichtpaketen liegen (Abb. 14) [4]).

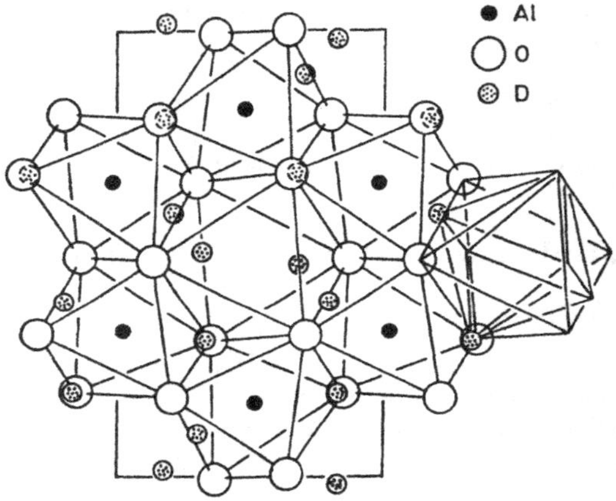

Abb. 14. Struktur des Bayerits $Al(OD)_3$ einschließlich der D-Atome. Projektion parallel [001], nach *Rothbauer, Zigan* und *O'Daniel* [4])

Die Struktur des Nordstrandits besteht aus einer Schichtfolge AB . . . von Sauerstoffionen. Die Schichten sind jedoch so gegeneinander verschoben, daß die benachbarten Sauerstoffionen übereinander liegen. Die Struktur von Nordstrandit nimmt eine Mittelstellung zwischen Hydrargillit und Bayerit ein [5]).

Ein kristallchemischer Vergleich von Hydrargillit, Bayerit und Nordstrandit zeigt zunächst, daß allen $Al(OH)_3$-Strukturen eine Folge von pseudohexagonalen Sauerstoffschichten zugrunde liegt, wo 2/3 der Oktaederlücken durch Al besetzt sind. Der Unterschied liegt in der Art der Schichtfolge. Während bei (monoklinem und triklinem) [3]) Hydrargillit eine ABBA . .-Schichtfolge vorliegt und Bayerit nach einer hexagonalen Packung AB . . aufgebaut ist, nimmt Nordstrandit eine gewisse Mittelstellung ein. Auch bei Nordstrandit liegt eine hexagonale Schichtfolge AB . . vor, die aber im Gegensatz zu Bayerit keine dichte Kugelpackung bildet. Die Sauerstoffschichten sind vielmehr stark gegeneinander verschoben, so daß die O-Ionen benachbarter Doppelschichten nicht auf „Lücke", sondern wie bei Hydrargillit recht genau übereinanderliegen [5]).

b) Aluminiumoxidhydroxid AlO(OH)

Zwei Modifikationen sind bekannt: Böhmit AlO(OH)(III) und Diaspor AlO(OH)(I). Gut kristallisierter Böhmit entsteht bei der hydrothermalen Behandlung (300 °C, 2 Stunden) von Hydrargillit in einem Autoklaven. Es ist der Hauptbestandteil europäischer Bauxite. Gut kristallisierter Diaspor tritt in einigen Tonen und im Bauxit auf. Er bildet sich bei der hydrothermalen Behandlung (380 °C, 500 bar, 1 Woche) von Böhmit in 0,4%iger

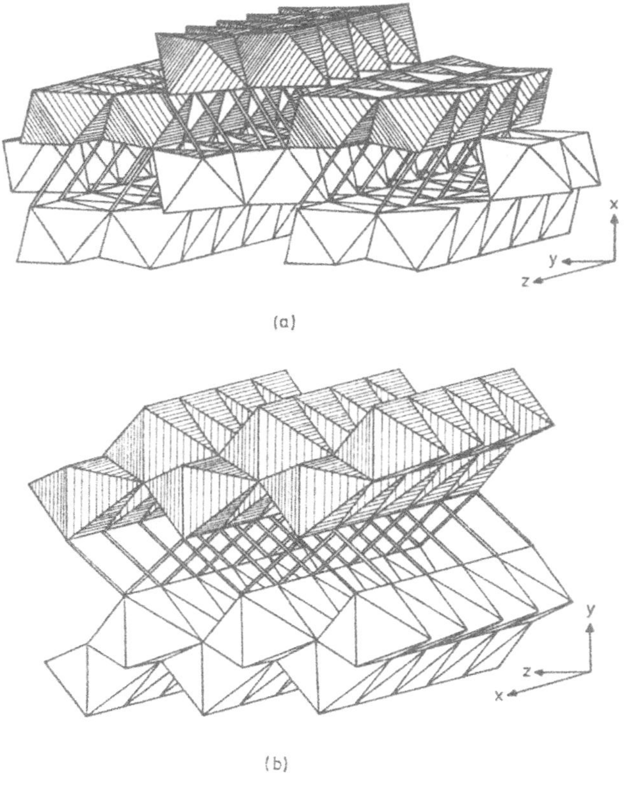

Abb. 15. Strukturen von (a) Diaspor, α-AlO(OH), und (b) Böhmit, γ-AlO(OH). Sauerstoffatome befinden sich auf den Ecken eines jeden Oktaeders und ein Aluminiumatom in dessen Zentrum. Die Doppellinien stellen O—H···O-Brücken dar, nach *Ewing* [7])

wässeriger NaOH-Lösung in Gegenwart von 5% natürlichem Diaspor als Impfkristall. Im Temperaturbereich von 275—425 °C und einem Wasserdampfdruck $>$ 140 bar werden alle Aluminiumhydroxide und -oxide in Gegenwart von Diaspor-Impfkristallen in Diaspor umgewandelt [2]).

Böhmit ist isostrukturell mit Lepidokrokit, γ-FeO(OH). Zwei Röntgenbeugungsuntersuchungen an Böhmit geben auf der Grundlage einer zentrosymmetrischen Raumgruppe Cmcm O—H—O-Abstände von 2,47 bzw. 2,69 Å an. Eine Untersuchung der ^{1}H-Kernmagnetischen Resonanz zeigt, daß die Bindung nicht symmetrisch ist. Eine weitere Untersuchung dieser Struktur erscheint erforderlich. Im Diaspor sind AlO_6-Oktaeder über Kanten, Ecken und Wasserstoffbrücken miteinander verbunden. Der O—H-Vektor bildet nach Neutronenbeugungsuntersuchungen mit der O(H)···O-Verbindungslinie einen Winkel von 12,1° [d(O—H) = 0.990 Å] [6]) (Abb. 15). AlO(OH)(II) (angenommene Zusammensetzung) kristallisiert eventuell ähnlich wie $Mg(OH)_2$ (Brucit-Typ).

c) *Aluminium-Doppelhydroxide*

Aus einer Lösung von $Al(OH)_3$ in KOH kann das Salz $K_2[Al_2(OH)_6O]$ mit dem Ion $[(OH)_3AlOAl(OH)_3]^{2-}$ — über ein O-Atom verknüpfte AlO_4-Tetraeder — auskristallisiert werden [8]). Im $Ca_3[Al(OH)_6]_2$ sind die Ca^{2+}- und Al^{3+}-Ionen von 8 OH^- bzw. 6 OH^- umgeben [9]). Im $Ba_2[Al_2(OH)_{10}]$ treten zweikernige Hydroxo-Ionen, die aus kantenverknüpften $Al(OH)_6$-Oktaedern bestehen, auf [10]).

d) *Aluminium(III)-oxid Al_2O_3*

Aluminiumoxid, Al_2O_3, ist polymorph. Es gibt zwei Formen des wasserfreien Oxids: α-Al_2O_3 und γ-Al_2O_3. α-Al_2O_3 ist bei hohen Temperaturen stabil und bei niederen unbegrenzt metastabil. Es kommt in der Natur als Korund vor und kann aus γ-Al_2O_3 oder jeder anderen Aluminiumoxidform durch Erhitzen $>$ 1000 °C dargestellt werden. γ-Al_2O_3 wird durch Entwässern wasserhaltiger Aluminiumoxide bei niederen Temperaturen ($\approx$ 450 °C) gewonnen. Die intermediären Phasen, welche bei der Entwässerung der Hydroxide $Al(OH)_3$ und AlO(OH) bei einer für die Bildung von α-Al_2O_3 zu niedrigen Temperatur erhalten werden, enthalten alle einen geringen Anteil an OH-Gruppen [11]). Die Bildung einer bestimmten Phase hängt dabei vom Ausgangsmaterial, vom angewandten Druck und der Temperatur ab. Das ursprünglich als strukturelle Variante von α-Al_2O_3 angesehene „β-Al_2O_3“ enthält Natrium und hat die Zusammensetzung $Na_2O \cdot 6\,Al_2O_3$ [12]).

Im α-Al_2O_3 bilden die Oxidionen eine hexagonal dichteste Kugelpackung; die Aluminiumionen besetzen 2/3 der vorhandenen Oktaederlücken regelmäßig [13]). Die γ-Al_2O_3-Struktur wird manchmal als eine Spinell-Defektstruktur angesehen, als Spinell mit einem Defizit an Kationen.

Vom strukturellen Standpunkt können die Aluminiumoxidformen nach der Aufeinanderfolge dichtest gepackter Ebenen von Oxidionen in drei Gruppen eingeteilt werden:

α-Reihe: hexagonal dichteste Oxidionen-Kugelpackung, Schichtenfolge ABAB, z. B. α-Al_2O_3

β-Reihe: wechselnde Folgen dichtest gepackter Ebenen, Schichtenfolge ABAC – ABAC oder ABAC – CABA z. B. χ- und $\varkappa$-Al_2O_3

γ-Reihe: kubisch dichteste Kugelpackung, Schichtenfolge ABCABC z. B. γ-, δ-, η- und Θ-Al_2O_3

Das Aluminiumoxid, welches sich auf der Oberfläche metallischen Aluminiums bildet, hat eine Steinsalz-Defektstruktur. Es liegt eine Anordnung von Al- und O-Ionen wie im Steinsalz vor, doch fehlt jedes dritte Al-Ion. Eine Verstärkung dieses Oxidfilms durch anodische Oxidation liefert einen korrosionsbeständigen Film auf der Oberfläche des Aluminiums [14]).

α-Al_2O_3 ist ein weißes Kristallpulver, sehr hart (8.8 auf der *Mohs*schen Skala) und widerstandsfähig gegen Hydratation und Angriff durch Säuren, während γ-Al_2O_3 und „aktives Aluminiumoxid" bereitwillig Wasser aufnehmen und sich in Säuren lösen. α-Al_2O_3 ist ein elektrischer Isolator ($E > 8$ eV) [13]).

Aluminium bildet Doppeloxide mit anderen Metallen. Aluminiumoxide mit einem Korundgitter, die nur Spuren an Fremdionen enthalten, sind Rubin (Cr^{3+}) und blauer Saphir (Fe^{2+}, Fe^{3+}, Ti^{4+}). Synthetischer Rubin, blauer und weißer Saphir (Korund in Edelsteinqualität) werden heute in großen Mengen hergestellt. Andere Doppeloxide sind z. B. die Minerale Spinell, $MgAl_2O_4$, und Chrysoberyll, $BeAl_2O_4$. Alkalimetallverbindungen wie β-$NaAlO_2$ (isostrukturell mit β-$NaFeO_2$), das sich beim Erhitzen von Al_2O_3 mit $Na_2C_2O_4$ auf 1000 °C bildet, und α-$NaAlO_2$, das aus diesem unter hohem Druck (110 kbar, 900 °C; isostrukturell mit α-$NaFeO_2$) entsteht, sind ebenfalls ionische Mischoxide [15]). Im System $KAlO_2 - K_2O$ tritt ein neues Aluminat mit der Formel K_3AlO_3 auf. Es ist mit $K_6Fe_2O_6$ isotyp [16]).

e) Aluminiumsuboxide

Oberhalb 1000 °C existieren gasförmige Al_2O- und AlO-Moleküle. AlO, Al_2O und Al_2O_2 treten als gasförmige Spezies unter den Bruchstücken beim Verdampfen von Al_2O_3 im Massenspektrometer auf [17]). Ihre Existenz muß bei der Interpretation von Prozessen, bei denen feuerfeste Stoffe in der Gasphase transportiert werden, in Betracht gezogen werden. Nach Elektronenbeugungsaufnahmen [18]) bei 2300—2400 K hat das Al_2O-Molekül C_{2v}-Symmetrie mit den Abständen $d(Al-O) = 1{,}73 \pm 0{,}01$ Å und den Winkel $(AlOAl) = 141 \pm 5°$. Flammenphotometrisch wurden die Bildungsenthalpien von $Al(OH)_2$ (g) und AlO (g) bestimmt [19]). Feste Oxide mit niederwertigem

Aluminium konnten unter normalen Bedingungen nicht mit Sicherheit nachgewiesen werden; nur in Edelgasmatrix konnten Al_2O und die Suboxide der homologen Elemente (Ga_2O, In_2O, Tl_2O und InGaO) bei tiefen Temperaturen abgefangen werden [20].

f) *Galliumhydroxide*

$Ga(OH)_3$ (als Mineral Söhngeit) [21] bildet sich bei der Einwirkung von Säuren auf Lösungen von Gallaten. Es bildet einen eigenen Strukturtyp: $Ga(OH)_3$-Typ (Söhngeit-Typ) [22]. Es altert zu GaO(OH) und geht $>$ 420 °C in Ga_2O_3 über.

GaO(OH) ist nur im Bereich von 110—300 °C stabil. Es besitzt Diaspor-Struktur. Bei der Reaktion $Ga + GaCl_3$ bei 180 °C entstehen in Gegenwart von Spuren H_2O Einkristalle einer zweiten GaO(OH)-Modifikation. In dieser Form bilden $[GaO_6]$-Gruppen paarweise $[Ga_2O_{10}]$-Einheiten, die über gemeinsame Kanten und Ecken unter Ausbildung eines dreidimensionalen GaO(OH)-Gitters verbunden sind [23]. GaOH ist in der Flamme beobachtet worden [24].

g) *Gallium(III)-oxid Ga_2O_3*

Von den fünf Modifikationen α-, β-, γ-, δ- und ε-Ga_2O_3 ist die β-Form am stabilsten.

Im β-Ga_2O_3 liegt eine Packung von GaO_6-Oktaedern und GaO_4-Tetraedern vor [25]. α-Ga_2O_3, das sich beim einstündigen Erhitzen von β-Ga_2O_3 auf 65 kbar und 1100 °C bildet, kristallisiert im Korundgitter [13]. γ-Ga_2O_3 besitzt ein defektes Spinell-Gitter. δ-Ga_2O_3 hat eine C-Struktur, die bei Oxiden der Seltenen Erdmetalle gefunden wird.

h) *Gallium(I)-oxid Ga_2O*

Bei 500 °C im Vakuum reagiert Ga_2O_3 mit Ga zu Ga_2O. Dieses Suboxid sublimiert und schlägt sich an der kalten Wandung des Reaktionsbehälters als dunkelbraunes Pulver nieder. Die Reinigung erfolgt durch wiederholte Sublimation im Hochvakuum bei 500 °C in Gegenwart von Gallium.

Nach Elektronenbeugungsaufnahmen [26] beträgt im Ga_2O-Molekül der Abstand $d(Ga-O) = 1{,}84 \pm 0{,}01$ Å und der Winkel $(GaOGa) = 140 \pm 10°$.

Ga_2O ist an trockener Luft haltbar. Im Vakuum disproportioniert es $>$ 700 °C in Ga_2O_3 und Ga. Es ist ein starkes Reduktionsmittel.

Bei hohen Temperaturen ist GaO spektroskopisch beobachtet worden [27].

i) *Gallate*

Ga_2O_3 reagiert in der Hitze mit vielen Metalloxiden. Die Strukturen der Gallate M^IGaO_2 [M^I = Na (2 Modifikationen), K, Rb, Cs] sind bestimmt worden [28]. Wie Al_2O_3 und In_2O_3 bildet auch Ga_2O_3 Spinelle $M^{II}Ga_2O_4$ (M^{II} = Mg, Zn, Co, Ni, Cu) [29]. Verbindungen $M^{III}GaO_3$ mit Oxiden dreiwertiger Metalle [30] haben oft Perowskit- oder Granatstrukturen (z. B.

Monogallate der Lanthaniden, $LnGaO_3$)[31]). Ferner existieren ternäre Oxide von größerer Vielfalt. Die gemischten Oxide sind im Hinblick auf ihre Anwendung in Lasern, lumineszierenden und phosphoreszierenden Materialien untersucht worden. Die Lumineszenz der Gallate ist auf Sauerstoff-Leerstellen zurückgeführt worden[32]). Wegen seiner interessanten elektrischen (z. B. piezoelektrischen und magnetoelektrischen) Eigenschaften ist die Synthese, die Stabilität und Kristallstruktur von $FeGaO_3$ ausführlich untersucht worden[31]).

Die hydrothermale Untersuchung des Systems $Ga_2O_3 - H_2O - Na_2O$ führte zu der Verbindung $NaGa_{11}O_{16}(OH)_2$. Die Struktur dieser Substanz enthält GaO_6-Oktaeder und GaO_4-Tetraeder[33]).

k) Indiumhydroxide

Indium(III)-hydroxid, $In(OH)_3$, bildet sich bei der Zugabe von Alkali zu Indium(III)-Salzlösungen und Trocknen des Niederschlags bei 100 °C. Es besitzt eine leicht verzerrte ReO_3-Struktur mit Wasserstoffbrücken zwischen den OH-Gruppen (Abb. 16 a u. b)[34]).

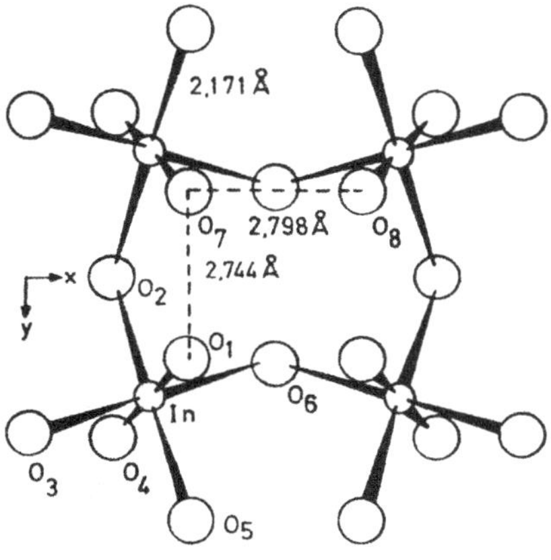

Abb. 16 a. Projektion in der [001]-Richtung von vier der acht Oktaeder in der Einheitszelle von $In(OH)_3$

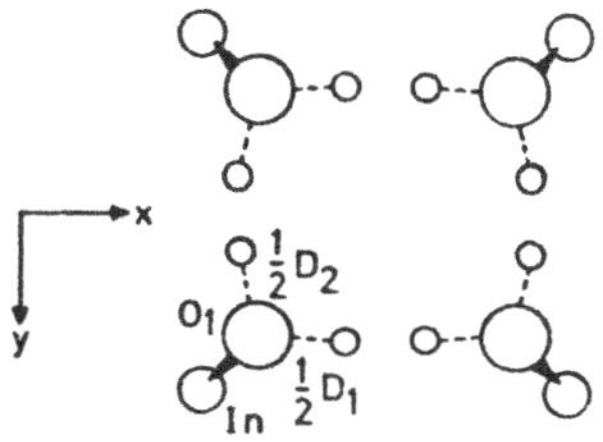

Abb. 16 b. Lagen der Sauerstoff- und Deuterium-Atome in der $x\,y\,0$-Ebene und von Indiumatomen in der $x\,y\,\frac{1}{4}$-Ebene von $In(OD)_3$

(nach *Christensen, Broch, von Heidenstam* und *Nilsson*[34]))

Kristallines InO(OH) entsteht beim Erhitzen (245—435 °C) des Trihydroxids mit Wasser unter Druck (70—1700 bar). Es besitzt eine deformierte Rutilstruktur (Abb. 17)[35]).

InOH ist in der Flamme beobachtet worden[36]). Die Dissoziationsenergie beträgt 360 ± 32 kJ/mol.

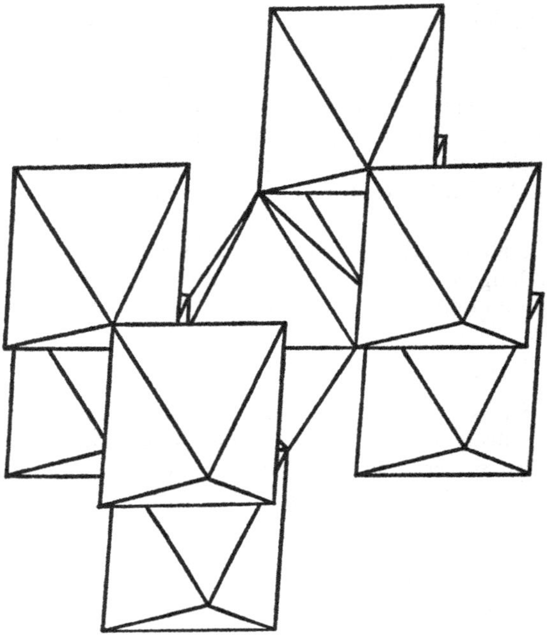

Abb. 17. Packung der InO_6-Oktaeder in InO(OH), nach *Christensen, Grønbaek* und *Rasmussen* [35])

l) Indium(III)-oxid In_2O_3

In_2O_3 bildet sich beim Erhitzen des Hydroxids. Die Darstellung von Einkristallen erfolgt durch eine Transportreaktion [37]). Es kristallisiert in der C-Seltenerd-Struktur [13]). Bei hohen Drücken wandelt es sich in eine rhomboedrische Modifikation mit Korundstruktur um [13]).

In_2O_3 zerfällt im Vakuum > 700 °C in In_2O und Sauerstoff. Leitfähigkeitsmessungen und strukturelle Betrachtungen führen zu der Annahme, daß nichtstöchiometrisch zusammengesetztes In_2O_3 ein n-Halbleiter ist [38]).

m) Indate

Oxoindate der Alkalimetalle vom Typ $AInO_2$ (A = Li, Na, K, Rb, Cs) bilden sich beim Erhitzen der entsprechenden Oxidmischungen. Ihre Struktur ist untersucht worden [39]). Im System $Li_2O/LiInO_2$ treten neben Li_3InO_3 auch Li-ärmere Phasen wie $Li_{31}In_{11}O_{32}$ und $Li_7In_3O_8$ auf. In den Teilsystemen $AInO_2/In_2O_3$ (A = Li–Cs) ist bislang über $LiIn_5O_8$-haltige Mischkristalle $LiFe_{5-x}In_xO_8$, die zur Spinell-Familie gehören, und $Rb_2In_4O_7$ berichtet worden [39]). Wie Al_2O_3 und Ga_2O_3 bildet auch In_2O_3 eine Reihe geordneter Phasen $A^{III}B^{III}O_3$ mit kleineren dreiwertigen Kationen [40]). Über die Hochdrucksynthese von orthorhombischen *Perowskit*-Verbindungen $A^{III}B^{III}O_3$, wo eines der Kationen In^{3+} und Tl^{3+} ist, wurde berichtet [41]).

n) Thallium(I)-hydroxid TlOH

TlOH erhält man aus Thalliummetall und Äthanol in Gegenwart von Sauerstoff. Es kristallisiert in Form von blaßgelben Nadeln, die an Luft oder im Vakuum bei Raumtemperatur dunkel werden und beim Erwärmen in Tl_2O und H_2O zerfallen. TlOH kristallisiert im CsCl-Gitter [42]). Die Bildungsenthalpie [43]) bei 25 °C beträgt -239 kJ/mol.

o) Thallium(I)-oxid Tl_2O

Tl_2O bildet sich beim Erhitzen des Carbonats im N_2-Strom bei 700 °C. Einkristalle von Tl_2O (schwarze Blättchen) entstehen aus der Gasphase durch Reaktion von Tl_2O_3 mit Tl [44]). Die Tl_2O-Struktur ist als dreifache polytype Form vom Anti-CdJ_2-Typ aufzufassen [45]). Nach IR-Spektren von Tl_2O-Dampf ist das Tl_2O-Molekül gewinkelt [46]).

p) Thallium(III)-oxid Tl_2O_3

Zur Darstellung von Tl_2O_3 wird eine wässerige $TlNO_3$-Lösung mit Br_2 oxidiert, mit Alkali ein braunes, wasserhaltiges Oxid ausgefällt und der Niederschlag im O_2-Strom bei 450 °C erhitzt [47]). Die thermische Zersetzung zu Tl_2O und Sauerstoff ist reversibel.

Tl_2O_3 besitzt unter Normalbedingungen eine C-Seltenerd-Struktur [48]). Oberhalb 500—600 °C bei einem Druck von 65 kbar bilden sich schwarze Tl_2O_3-Kristalle mit Korundstruktur [13]).

q) Tetrathalliumtrioxid Tl_4O_3

Dieses gemischte Oxid ($3\,Tl_2O \cdot Tl_2O_3$) entsteht, wenn Mischungen von Tl_2CO_3 und Tl_2O_3 im Molverhältnis 3 : 1 bei 450 °C in einer inerten Atmosphäre erhitzt werden. Einkristalle von Tl_4O_3 (anthrazitfarbene Prismen) bilden sich aus der Gasphase durch Reaktion von Tl_2O_3 mit Thallium [44]).

Tl_4O_3 kristallisiert monoklin [44, 49]). Auffällig sind seine elektrischen Eigenschaften. Die spez. Leitfähigkeit beträgt $\approx 10^{-6}$ Siemens/cm. Sie entspricht etwa der von eigenleitendem Si. Ferner zeigt Tl_4O_3 einen inneren photoelektrischen Effekt [44]).

r) Thallate

Vom einwertigen Thallium sind die ternären Oxide KTlO, RbTlO [50]), $TlGaO_2$ und $TlAlO_2$ [51]) bekannt. Die Oxothallate(III) $MTlO_2$ (M = Alkalimetall) [52]) besitzen α-$NaFeO_2$-Struktur. Ferner existieren z. B. Li_3TlO_3 und $Ba_2Tl_2O_5$ [53]). $TlFeO_3$ und $TlCrO_3$ kristallisieren im Perowskitgitter [54]).

1. *Ginsberg, H., Hüttig, W.* und *Stiehl, H.*, Z. anorg. allg. Chem. **318,** 238 (1962).
2. *Linsen, B. G.* (Ed.), Physical and Chemical Aspects of Adsorbents and Catalysts. (London 1970).
3. *Saalfeld, H.* und *Wedde, M.*, Z. Kristallogr., Kristallgeometr., Kristallphysik, Kristallchem. **139,** 129 (1974).
4. *Rothbauer, R., Zigan, F.* und *O'Daniel, H.*, Z. Kristallogr., Kristallgeometr., Kristallphysik, Kristallchem. **125,** 317 (1967).
5. *Saalfeld, H.* und *Jarchow, O.*, Neues Jb. Mineralog. Abh. **109,** 185 (1968).
6. *Busing, W. R.* und *Levy, H. A.*, Acta crystallogr. (Copenhagen) **11,** 798 (1958).
7. *Ewing, F. J.*, J. Chem. Physics **3,** 203 (1935); ibid. **3,** 420 (1935).
8. *Johansson, G.*, Acta chem. Scand. **20,** 505 (1966).
9. *Weiss, R., Grandjean, D.* und *Pavin, J. L.*, Acta crystallogr. (Copenhagen) **17,** 1329 (1964).
10. *Ahmed, A. H. M.* und *Glasser, L. S. D.*, Acta crystallogr. (Copenhagen), Sect. B **26,** 867 (1970).
11. *Yokokawa, T.* und *Kleppa, O. J.*, J. Physic. Chem. **68,** 3246 (1964).
12. *Scholder, R.* und *Mansmann, M.*, Z. anorg. allg. Chem. **321,** 246 (1963).
13. *Prewitt, C. T., Shannon, R. D., Rogers, D. B.* und *Sleight, A. W.*, Inorg. Chem. (Washington) **8,** 1985 (1969).
14. *Diggle, J. W., Downie, T. C.* und *Goulding, C. W.*, Chem. Reviews **69,** 365 (1969).
15. *Reid, A. F.* und *Ringwood, A. E.*, Inorg. Chem. (Washington) **7,** 443 (1968).
16. *Bon, A., Gleitzer, C., Courtois, A.* und *Protas, J.*, C. R. hebd. Séances Acad. Sci., Sér. C **278,** 785 (1974).
17. *MacKenzie, K. J. D.*, J. Brit. Ceram. Soc. **5,** 183 (1968).
18. *Ivanov, A. A., Tolmachev, S M., Ezhov, Yu. S., Spiridonov, V. P.* und *Rambidi, N. G.*, Ž. strukturnoj. Chim. **14,** 917 (1973); J. Struct. Chem. **14,** 854 (1973).
19. *Jensen, D. E.* und *Jones, G. A.*, J. Chem. Soc. (London), Faraday Trans. I **68,** 259 (1972).
20. *Makowiecki, D. M., Lynch, Jr., D. A.* und *Carlson, K. D.*, J. Physic. Chem. **75,** 1963 (1971).
21. *Strunz, H.*, Naturwiss. **52,** 493 (1965).
22. *Scott, J. D.*, Amer. Mineralogist **56,** 355 (1971); *Yatsenko, S. P.* und *Demenev, N. V.*, Ž. neorg. Chim. **4,** 869 (1959).
23. *Vitse, P., Galy, J.* und *Potier, A.*, C. R. hebd. Séances Acad. Sci., Sér. C **277,** 159 (1973).
24. *Bulewicz, E. M.* und *Tershkina, R. I.*, Ž. neorg. Chim. **12,** 2287 (1967).
25. *Geller, S.*, J. Chem. Physics **33,** 676 (1960).
26. *Rambidi, N. G.* und *Tolmachev, S. M.*, Teplofiz. vysokich Temperatur **3,** 487 (1965); Chem. Abstr. **63,** 17254 (1965).
27. *Gurvich, L. V.* und *Veĭts, I. V.*, Izvest. Akad. Nauk SSSR, Ser. fiz. **22,** 673 (1958).
28. *Vielhaber, E.* und *Hoppe, R.*, Z. anorg. allg. Chem. **369,** 14 (1969).
29. *Stone, F. S.* und *Tilley, R. I. D.*, 5th Intern. Symp. Reactivity Solids, Munich, p. 583 (1964); Chem. Abstr. **65,** 14487 g (1966); *Panakh, S. A.* und *Efendiev,*

G. Kh., Izvest. Akad. Nauk SSSR, neorg. Mater. **4,** 455 (1968); Chem. Abstr. **69,** 7892 a (1968); Chem. Zbl. **138,** 31-0701 (1967).
30. *Sallavuard, G., Szabo, G.* und *Pâris, R. A.*, C. R. hebd. Séances Acad. Sci., Sér. C **268,** 1050 (1969).
31. *MacDonald, J., Gard, J. A.* und *Glasser, F. D.*, J. Inorg. Nuclear Chem. **29,** 661 (1967).
32. *Wanmaker, W. L.* und *Vrugt, J. W. Ter,* Philips Res. Rep. **24,** 201 (1969).
33. *Christensen, A. N.*, Acta chem. Scand. **28 A,** 145 (1974).
34. *Christensen, A. N., Broch, N. C., von Heidenstam, O.* und *Nilsson, A.*, Acta chem. Scand. **21,** 1046 (1967).
35. *Christensen, A. N., Grønbaek, R.* und *Rasmussen, S. E.*, Acta chem. Scand. **18,** 1261 (1964).
36. *Bulewicz, E. M.* und *Sugden, T. M.*, Trans. Faraday Soc. **54,** 830 (1958).
37. *De Wit, J. H.*, J. Crystal Growth (Amsterdam) **12,** 183 (1972).
38. *De Wit, J. H. W.*, J. Solid State Chem. **8,** 142 (1973).
39. *Fink, D.* und *Hoppe, R.*, Z. anorg. allg. Chem. **409,** 97 (1974).
40. *Macdonald, J., Gard, J. A.* und *Glasser, F. P.*, J. Inorg. Nuclear Chem. **29,** 661 (1967).
41. *Shannon, R. D.*, Inorg. Chem. (Washington) **6,** 1474 (1967).
42. *Clark, G. M.*, The Structures of Non-Molecular Solids, S. 292 (London 1972).
43. *Wagman, D. D.*, et al., NBS Technical Note 270-3 (Washington, D.C. 1968).
44. *Sabrowsky, H.*, Naturwiss. **56,** 414 (1969).
45. *Sabrowsky, H.*, Z. anorg. allg. Chem. **381,** 266 (1971).
46. *Shevel'kov, V. F., Klyuev, N. A.* und *Mal'-tsev, A. A.*, Vestnik Moskovskogo Univ., Ser. II **24,** 32 (1969); Chem. Abstr. **72,** 84510 (1970).
47. *Cubicciotti, D.* und *Keneshea, F. J.*, J. Physic. Chem. **71,** 808 (1967).
48. *Papamantellos, P.*, Z. Kristallogr., Kristallgeometr., Kristallphysik, Kristallchem. **126,** 143 (1968).
49. *Marchand, R.* und *Tournoux, M.*, C. R. hebd. Séances Acad. Sci., Sér. C **277,** 863 (1973).
50. *Sabrowsky, H.*, Z. anorg. allg. Chem. **365,** 146 (1969).
51. *Sabrowsky, H.*, Naturwiss. **56,** 562 (1969).
52. *Hoppe, R.* und *Sabrowsky, H.*, Z. anorg. allg. Chem. **357,** 202 (1968).
53. *v. Schenck, R.* und *Müller-Buschbaum, H.*, Z. anorg. allg. Chem. **405,** 197 (1974).
54. *Shannon, R. D.*, Inorg. Chem. (Washington) **6,** 1474 (1967).

6. Oxide des Kohlenstoffs

Vom Kohlenstoff sind vier stabile Oxide bekannt [1]): CO, CO_2, C_3O_2 und $C_{12}O_9$. Das letztere ist das Anhydrid der Mellithsäure. Die Oxide C_2O, C_2O_3 [2]), C_2O_4 und CO_3 [3]) sind instabil.

a) Kohlenmonoxid [4]) CO

CO entsteht als farbloses, giftiges Gas bei der Verbrennung von Kohlenstoff unter ungenügendem Sauerstoffzutritt. Es stellt sich das folgende *(Boudouard-)*Gleichgewicht ein:

$$2\,CO\,(g) \rightleftharpoons C\,(f) + CO_2\,(g).$$

Unter Normalbedingungen ist CO thermodynamisch instabil, jedoch ist die Disproportionierung in CO_2 und festem Kohlenstoff kinetisch gehemmt, so daß CO bei Raumtemperatur als metastabiles Gas existiert. Die Reaktion

$$C + H_2O \rightleftharpoons CO + H_2$$

ist technisch wichtig (Wassergasgleichgewicht).

CO ist isoelektronisch mit N_2. Man kann daher das MO-Schema des N_2 in grober Näherung auch noch für CO als gültig ansehen. Von den Valenzelektronen befinden sich 6 in bindenden und 4 in nahezu nichtbindenden Molekülorbitalen, so daß der Bindungsgrad 3 beträgt. Aus der Valenzkraftkonstanten errechnet sich der Bindungsgrad zu 2,8. Die CO-Bindungslänge beträgt 1,13 Å. CO kristallisiert in einem kubisch raumzentrierten Gitter (Tieftemperaturphase) und wandelt sich bei −211,6 °C in eine hexagonale Modifikation um [5, 6]).

CO eignet sich als Reduktionsmittel. Obwohl es nur als außerordentlich schwache Lewis-Base wirkt, hat es die Fähigkeit, gegenüber Übergangsmetallen als Donorligand zu fungieren und Metallcarbonyle zu bilden. Zum Beispiel reagiert CO mit metallischem Nickel zu $Ni(CO)_4$ und mit Eisen zu $Fe(CO)_5$. CO reagiert mit Alkalimetallen in flüssigem Ammoniak zu sog. Alkalimetall„carbonylen"; diese weißen Festkörper enthalten das $[OCCO]^{2-}$-Ion [7]).

b) Kohlendioxid CO_2

CO_2 wird durch Verbrennen von Kohlenstoff in überschüssigem Sauerstoff oder bei der Reaktion von Carbonaten mit verdünnter Säure erhalten. Es ist das einzige thermodynamisch stabile Kohlenstoffoxid.

Das CO_2-Molekül ist linear gebaut. Die CO-Bindungslänge beträgt 1,1632 Å. Das Molekül enthält zwei 3-Zentren-π-Bindungen.

Kohlendioxid vereinigt sich mit den mehr elektropositiven Metallen je nach den angewandten Reaktionsbedingungen zu Carbonaten, Oxalaten oder Metalloxiden bei gleichzeitiger Bildung von Kohlenstoff. Weniger elektropositive Metalle führen zu Carbiden und Sauerstoff. CO_2 geht eine Reihe von Einschiebungsreaktionen ein und auch einige Übergangsmetallkomplexe sind bekannt [8]).

Kohlendioxid ist das Anhydrid der „Kohlensäure" [9]). Die erste Dissoziationskonstante beträgt unter Verwendung der „wahren" Aktivität von $(HO)_2CO$ etwa $2 \cdot 10^{-4}$. Ein Ätherat der „Kohlensäure" entsteht durch Umsetzung von HCl mit Na_2CO_3 in Dimethylätherlösung bei −30 °C; der sich bildende weiße kristalline Körper (Fp. −47 °C), der sich bei etwa 5 °C zersetzt, ist wahrscheinlich $OC(OH)_2 \cdot O(CH_3)_2$ [10]).

c) Kohlenstoffsuboxide

Trikohlenstoffdioxid C_3O_2 entsteht als farbloses, übelriechendes Gas (Kp. 7 °C) beim Entwässern von Malonsäure mit P_4O_{10} im Vakuum bei

140—150 °C:

$$H_2C\begin{matrix}\diagup COOH \\ \diagdown COOH\end{matrix} \longrightarrow O{=}C{=}C{=}C{=}O + 2\,H_2O.$$

Das C_3O_2-Molekül ist wahrscheinlich linear gebaut [11]). Obwohl bei −78 °C unbegrenzt haltbar, polymerisiert C_3O_2 bei und oberhalb Raumtemperatur zu gelben bis violetten Stoffen [12]). Es ist äußerst reaktionsfähig. In den letzten Jahren hat die Bedeutung dieses außergewöhnlichen „Bisketens" in der präparativen Organischen Chemie (insbesondere bei der Synthese heterocyclischer Verbindungen) ständig zugenommen [11]).

Photolyse [13]) von C_3O_2 ergibt C_2O:

$$C_3O_2 \xrightarrow{h\cdot\nu} C_2O + CO.$$

Das Peroxid CO_3 leitet sich vom CO_2 ab [3, 14]). Es entsteht beim Bestrahlen einer Lösung von O_3 in festem oder flüssigem CO_2:

$$CO_2 + O_3 \xrightarrow{h\cdot\nu} CO_3 + O_2.$$

CO_3 ist gasförmig nicht beständig. Es zersetzt sich in CO_2 und O_2. C_2O_4 wird in Chemolumineszenz-Reaktionen gebildet [15]). Eine ab-initio-MO-Rechnung der Elektronenstruktur von C_2O_2 ist durchgeführt worden [16]).

Literatur

1. *Cotton, F. A.* und *Wilkinson, G.*, Anorganische Chemie. 3. Auflage. Übersetzt von *Fritz, H. P.* (Weinheim/Bergstr. 1974).
2. *Peterson, R. F.* und *Wolfgang, R. L.*, Chem. Commun. **1968,** 1201.
3. *Krishnamurty, K. V.*, J. Chem. Educat. **44,** 594 (1967).
4. „Carbon Monoxide". Bibliographie mit Zusammenfassungen — PHS No. 1503 (Washington D.C. 1966).
5. *Barrett, C. S.* und *Meyer, L.*, J. Chem. Physics **43,** 3502 (1965).
6. *Lipscomb, W. N.*, J. Chem. Physics **60,** 5138 (1974).
7. *Weiss, E.* und *Buchner, W.*, Chem. Ber. **98,** 126 (1965).
8. *Lappert, M. F.* und *Prokai, B.*, Adv. Organometall. Chem. **5,** 247 (1967).
9. *Kern, D. M.*, J. Chem. Educat. **37,** 14 (1960); *Welch, M. J.*, *Lifton, J. F.* und *Seck, J. A.*, J. Physic. Chem. **73,** 3351 (1969).
10. *Gattow, G.* und *Gerwarth, U.*, Z. anorg. allg. Chem. **357,** 78 (1968).
11. *Kappe, T.* und *Ziegler, E.*, Angew. Chem. **86,** 529 (1974).
12. *Smith, R. N.*, *Young, D. A.*, *Smith, E. N.* und *Carter, C. C.*, Inorg. Chem. (Washington) **2,** 829 (1963).
13. *Baker, R. T. K.*, *Kerr, J. A.* und *Trotman-Dickenson, A. F.*, J. Chem. Soc. (London), Sect. A 1641 (1967).
14. *Moll, N. G.*, *Clutter, D. R.* und *Thompson, W. E.*, J. Chem. Physics **45,** 4469 (1966).
15. *DeCorpo, J. J.*, *Baronavski, A.*, *McDowell, M. V.* und *Saalfeld, F. E.*, J. Amer. Chem. Soc. **94,** 2879 (1972).
16. *Beebe, N. H. F.* und *Sabin, J. R.*, Chem. Physics Letters (Amsterdam) **24,** 389 (1974).

7. Kieselsäuren, Oxide von Si und Ge

a) Kieselsäuren

Neben der Orthokieselsäure, die nur in verdünnter Lösung ($< 3 \cdot 10^{-3}$ mol/l) stabil ist, sind bisher wenig definierte, kristalline Kieselsäuren beschrieben worden. Die Darstellung erfolgt über topochemische Reaktionen und führt direkt zu kristallisierten Kieselsäuren. Ausgangsverbindungen sind Silicate mit Schichtstrukturen, bei denen zwischen den Schichten austauschfähige Kationen gebunden sind. Durch Behandeln mit Säuren können die Zwischenschichtkationen unter Erhaltung des Schichtverbandes gegen Protonen ausgetauscht werden, so daß unmittelbar die entsprechende H-Verbindung entsteht [1]).

Auf diese Weise wurde die polymere kristalline Dikieselsäure ($H_2Si_2O_5$) aus α-$Na_2Si_2O_5$ hergestellt, deren Schichtstruktur bestimmt worden ist [2, 3]). Über eine andere Form dieser Dikieselsäure wurde berichtet [4]). Die polymere Tetrakieselsäure $H_4Si_4O_{10} \cdot 1/2\, H_2O$ ist aus Gillespit ($BaFeSi_4O_{10}$) dargestellt worden [5]).

Eine Polykieselsäure $(H_2SiO_3)_n$ mit Kettenstruktur wurde durch vorsichtige Hydrolyse von faserigem Siliciumdioxid erhalten [6]). Wegen der hohen Konzentration an OH-Gruppen reagiert diese Säure rasch zu dreidimensional vernetzten röntgenamorphen Produkten weiter.

In allen diesen polymeren Kieselsäuren stimmt der Vernetzungsgrad mit dem von den Silicaten her bekannten Zusammenhang zwischen O : Si-Verhältnis und Vernetzungsgrad überein: 4 : 1 = isolierte Tetraeder, 3 : 1 = Kettenstruktur, 2,5 : 1 = Schichtstruktur, 2 : 1 = Raumnetzstruktur. Ferner wurde eine kristalline Kieselsäure $H_2Si_{14}O_{29} \cdot 5\, H_2O$ mit Schichtstruktur beschrieben, in der das O : Si-Verhältnis 2,07 : 1 eine Raumnetzstruktur erwarten ließe [1]).

b) Siliciumdioxid SiO_2

Siliciumdioxid kommt in der Natur in zahlreichen kristallinen und amorphen Formen vor. Kristallin sind Quarz (Bergkristall, Amethyst u. a.), Tridymit, Cristobalit, Keatit, Coesit und Stishovit. Amorph bzw. mikrokristallin und meistens wasserhaltig sind Opal (Chalcedon, Achat u. a.) und Kieselgur.

Zwischen den bei Normaldruck thermodynamisch stabilen Modifikationen bestehen folgende Umwandlungsgleichgewichte:

$$\underset{\text{(trigonal)}}{\alpha\text{-Quarz}} \overset{575^\circ\,C}{\rightleftharpoons} \underset{\text{(hexagonal)}}{\beta\text{-Quarz}} \overset{867^\circ\,C}{\rightleftharpoons} \underset{\text{(hexagonal)}}{\beta\text{-Tridymit}} \overset{1470^\circ\,C}{\rightleftharpoons} \underset{\text{(kubisch)}}{\beta\text{-Cristobalit}} \overset{1713^\circ C}{\rightleftharpoons} \text{Schmelze.}$$

Alle SiO_2-Modifikationen enthalten mit Ausnahme des Stishovits SiO_4-Tetraeder, die über O-Ecken zu einem dreidimensionalen Gitter verknüpft sind. Im Cristobalit sind die Si-Atome wie die C-Atome im Diamant angeordnet und die O-Atome genau zwischen jedem Kohlenstoffpaar. Im Quarz liegen Helices vor, so daß enantiomorphe Kristalle auftreten. Wegen der sehr verschiedenen Verknüpfung der SiO_4-Tetraeder in den SiO_2-Formen ist die Geschwindigkeit der Phasenumwandlungen klein, sofern es sich nicht nur um eine Symmetrieänderung ($\alpha \rightleftharpoons \beta$-Umwandlung) handelt. Die Umwandlung Quarz $\rightleftharpoons$ Cristobalit erfordert das Aufbrechen und Bilden von Bindungen, so daß die Aktivierungsenergie hoch ist. Die Umwandlungsgeschwindigkeiten werden jedoch stark durch Verunreinigungen oder durch Einführung von Mineralisatoren beeinflußt. SiO_2 kann in Form von Tridymit nur dann auftreten, wenn kleine Mengen (0,1—0,5%) an Fremdionen darin enthalten sind. Solche liegen auch im natürlichen Tridymit vor. Entfernt man sie durch Elektrolyse, so wandelt sich der Tridymit bei Temperaturen bis zu 1050 °C in Quarz, bei höheren Temperaturen in Cristobalit um [7].

Beim langsamen Abkühlen von geschmolzenem SiO_2 entsteht Quarzglas, das keine Ordnung über einen größeren Bereich besitzt. Im Quarzglas liegt eine gestörte Anordnung polymerer Ketten, Schichten oder dreidimensionaler Einheiten vor [8].

SiO_2-Formen höherer Dichte, Coesit [9–11] und Stishovit [12], wurden zuerst unter drastischen Bedingungen (250—1300 °C bei 35—120 kbar) dargestellt, später jedoch auch in Meteorkratern gefunden, wo beim Einschlag vermutlich ähnliche Verhältnisse herrschten. Im Coesit ist Si tetraedrisch von vier Sauerstoffatomen umgeben. Er hat eine tetraedrische Gerüststruktur, die eine gewisse Ähnlichkeit mit dem (Al, Si)-Gerüst der Feldspäte aufweist. Stishovit kristallisiert im Rutilgitter [13]. Beide Formen sind chemisch inerter als Quarz. Eine weitere SiO_2-Modifikation, Keatit, kann auf hydrothermalem Wege synthetisiert werden. Die Struktur enthält vierfache Spiralen aus SiO_4-Tetraedern; die Spiralen sind durch weitere Tetraeder derart verbunden, daß jedem dieser Tetraeder ein Sauerstoffion aus jeder der vier Spiralen angehört [14].

Eine faserige SiO_2-Modifikation bildet sich beim Erhitzen von Siliciummonoxid auf 1200 bis 1400 °C:

$$2\,SiO \rightarrow SiO_2 + Si\,.$$

Es liegt die gleiche Kettenstruktur wie beim SiS_2 vor; die SiO_4-Tetraeder sind über Kanten miteinander verbunden [15]. Die faserige Modifikation ist metastabil und geht beim längeren Erhitzen auf 200—800 °C in Tridymit, bei 1390 °C in Cristobalit über.

c) Silicium(II)-oxid SiO

Gasförmiges Siliciummonoxid ist für die Verflüchtigung von Siliciumdioxid bei hohen Temperaturen in Gegenwart von Reduktionsmitteln verantwortlich. Es kann durch partielle Reduktion von SiO_2 oder teilweise Oxidation von Silicium bei Temperaturen $>$ 1100 °C dargestellt werden. Erhitzt man z. B. SiO_2 mit Si im Molverhältnis 3 : 1 im Hochvakuum auf 1000—1300 °C, so entweicht gasförmiges SiO:

$$Si\,(f) + SiO_2\,(f) \rightleftharpoons 2\,SiO\,(g)\,.$$

SiO (g) ist im Bereich von 1180—2480 °C stabil. SiO_2 selbst dissoziiert oberhalb seines Schmelzpunktes in SiO und Sauerstoff, besonders im Bereich von 1750—1880 °C [16]).

Gasförmiges SiO disproportioniert beim langsamen Abkühlen wieder in Si und SiO_2. Beim Abschrecken erhält man dagegen schwarzbraunes, polymeres $(SiO)_n$, das je nach den Versuchsbedingungen glasig oder faserförmig entsteht. Das glasige SiO bedeckt sich an der Luft mit SiO_2 und ist dann gegen weitere Oxidation ziemlich beständig. Das faserförmige SiO ist pyrophor [17]).

Die Bildungswärme [Si (f) + $\frac{1}{2}$ O_2 (g) → SiO (g)] ΔH°_{298} [SiO (g)] beträgt −117 ± 15 kJ/mol, die Dissoziationsenergie [SiO (g) → Si (g) + O (g)] D°_0 = 815 ± 19 kJ/mol oder 8,45 ± 0,20 eV [18, 19]). Monomeres SiO wurde neben $(SiO)_2$ und $(SiO)_3$ bei tiefen Temperaturen in der Matrix isoliert [20]).

d) *Germaniumdioxid GeO_2*

Bei der Hydrolyse von $GeCl_4$ bildet sich eine mikrokristalline Form der hexagonalen Modifikation von GeO_2 vom α-Quarz-Typ. Diese wird oft die „lösliche" Form genannt, da sich 4 g/l kaltem Wasser lösen. Die andere „unlösliche" Modifikation von GeO_2 bildet sich bei der hydrothermalen Behandlung [21]) der „löslichen" Form und kristallisiert im TiO_2(III)-Gitter

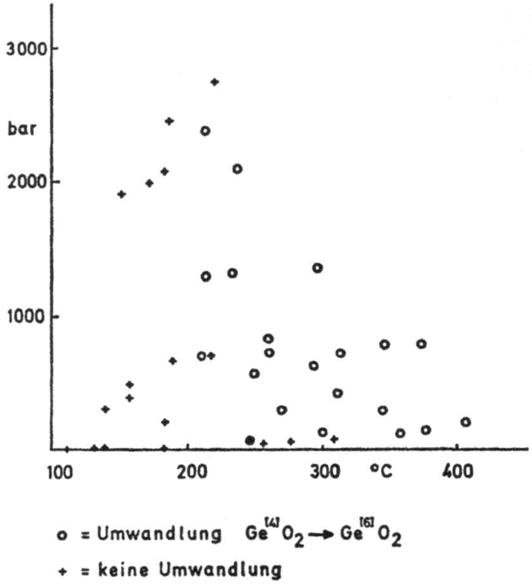

Abb. 18. Hydrothermale Umwandlung von $Ge^{[4]}O_2$ (α-Quarz-Typ) in $Ge^{[6]}O_2$ (Rutil-Typ), nach *Christensen* [21])

(Rutil-Typ) [13]) (Abb. 18). Der Radienquotient hat einen Wert nahe dem, bei welchem theoretisch ein Wechsel von tetraedrischer zu oktaedrischer Koordination eintreten sollte. Mit dieser Umwandlung eröffnet sich die Möglichkeit der Synthese von Germanaten, welche das GeO_6-Oktaeder enthalten. Viele Germanate sind strukturell mit den Silikaten verwandt. Germanate mit einer oktaedrischen Koordination des Germaniums würden interessante Modellsubstanzen für Hochdruckmodifikationen der Silikate sein [21]).

GeO_2 ist ein reaktionsträges, weißes Pulver. Die „unlösliche" Form ist bis 1033 °C stabil und wandelt sich dann langsam in die „lösliche" Form um, die bei 1116 °C schmilzt.

Durch thermische Zersetzung von $(NH_4)_3HGe_7O_{16} \cdot 4\,H_2O$ entsteht ein Kristallpulver von GeO_2 vom α-Cristobalittyp [22]).

Das Gitter von $Fe[Ge(OH)_6]$ kann als eine Packung von Fe^{2+}- und $[Ge(OH)_6]^{2-}$-Ionen in einem NaCl-Gitter oder als eine Überstruktur des $ReO_3(Sc(OH)_3)$-Gitters beschrieben werden. Isostrukturell mit dieser Verbindung sind $Fe[Sn(OH)_6]$ und $Na[Sb(OH)_6]$ [23]).

e) Germanium(II)-oxid GeO

Beim Erhitzen einer Mischung von Ge- und GeO_2-Pulver auf 1000 °C bildet sich ein gelbes Sublimat von amorphem GeO, das beim weiteren Erhitzen auf 650 °C in dunkelbraunes kristallines GeO übergeht. Dieses Oxid der Zusammensetzung GeO_x ($0 \leqq x \leqq 1{,}32$) kristallisiert im Diamant-Gitter.

Kristallines GeO hat einen Dampfdruck von 1,80 Torr bei 915 °C, 9,9 Torr bei 948 °C und 28,5 Torr bei 978 °C. Bei 700 °C disproportioniert es rasch zu Ge und GeO_2.

Literatur

1. *Lagaly, G., Beneke, K.* und *Weiss, A.*, Z. Naturforschg. **28 b,** 234 (1973).
2. *Liebau, F.*, Z. Kristallogr., Kristallgeometr., Kristallphysik, Kristallchem. **120,** 427 (1964).
3. *Wodkcke, F.* und *Liebau, F.*, Z. anorg. allg. Chem. **335,** 178 (1965).
4. *Le Bihan, M.-Th., Kalt, A.* und *Wey, R.*, Bull. Soc. franç. Mineralog. Cristallogr. **94,** 15 (1971).
5. *Pabst, A.*, Amer. Mineral. **43,** 970 (1958).
6. *Weiss, A.* und *Weiss, A.*, Z. anorg. allg. Chem. **276,** 95 (1954).
7. *Flörke, O. W.*, Ber. Dtsch. Keram. Ges. **32,** 369 (1955).
8. *Cotton, F. A.* und *Wilkinson, G.*, Anorganische Chemie, 3. Auflage, S. 331. Übersetzt von *H. P. Fritz* (Weinheim/Bergstr. 1974).
9. *Naka, S., Kameyama, T., Ito, S.* und *Inagaki, M.*, Chem. Letters, 1313 (1974).
10. *Kameyama, T.* und *Naka, S.*, J. Amer. Ceram. Soc. **57,** 499 (1974).
11. *Naka, S., Inagaki, M., Kameyama, T.* und *Suwa, K.*, J. Crystal Growth (Amsterdam) **24—25,** 614 (1974).
12. *Ringwood, A. E.*, Phys. Earth Planet. Interiors **3,** 109 (1970).

13. *Baur, W. H.* und *Khan, A. A.*, Acta crystallogr. (Copenhagen) B **27**, 2133 (1971).
14. *Shropshire, J., Keat, P. P.* und *Vaughan, P. A.*, Z. Kristallogr., Kristallgeometr., Kristallphysik, Kristallchem. **112**, 409 (1959).
15. *Weiss, A.* und *Weiss, A.*, Z. anorg. allg. Chem. **276**, 95 (1954); Naturwissenschaften **41**, 12 (1954).
16. *Kubaschewski, O.* und *Chart, T. G.*, J. Chem. Thermodynamics **6**, 467 (1974).
17. *Stetter, F.* und *Friz, M.*, Chemiker-Ztg. Chem. App. **97**, 138 (1973).
18. *Nagai, S., Niwa, K., Shinmei, M.* und *Yokokawa, T.*, J. Chem. Soc., Faraday Trans. I **69**, 1628 (1973).
19. *Hildenbrand, D. L.*, High Temp. Sci. **4**, 244 (1972); Chem. Abstr. **77**, 106065 e (1972).
20. *Steudel, R.*, Chemie der Nichtmetalle, S. 418 (Berlin-New York 1974).
21. *Christensen, A. N.*, Rev. Chim. minérale **6**, 1187 (1969).
22. *Seifert, K. J., Nowotny, H.* und *Hauser, E.*, Mh. Chem. **102**, 1006 (1971).
23. *Strunz, H.* und *Giglio, M.*, Acta crystallogr. (Copenhagen) **14**, 205 (1961); *Christensen, A. N.* und *Hazell, R. G.*, Acta chem. Scand. **23**, 1219 (1969).

8. Hydroxide und Oxide von Sn und Pb

a) Zinn(II)-oxidhydroxid $Sn_6O_4(OH)_4$

Ein Zinn(II)-hydroxid ist unbekannt. Einkristalle des Zinn(II)-oxidhydroxids der Zusammensetzung $3\,SnO \cdot H_2O$ bilden sich aus Zinn(II)-perchloratlösung durch langsame Erhöhung des pH-Wertes. Das Kristallgitter enthält Sn_6O_8-Cluster, mit sechs Zinnatomen an den Ecken eines Oktaeders und jeweils ein Sauerstoffatom über jede der acht Oktaederflächen und ähnelt somit der Cluster-Struktur von $Mo_6Cl_8^{4-}$. Die analytische Formel $3\,SnO \cdot H_2O$ muß strukturell als $Sn_6O_8H_4$ oder $Sn_6O_4(OH)_4$ interpretiert werden. Alle Sauerstoffatome werden in einer unendlichen Anordnung von Sn_6O_8-Clustern durch Wasserstoffbrücken zusammengehalten (Abb. 19) [1, 2]. Das früher als $5\,PbO \cdot 2\,H_2O$ formulierte Blei(II)-hydroxid hat ein ähnliches Röntgendiagramm.

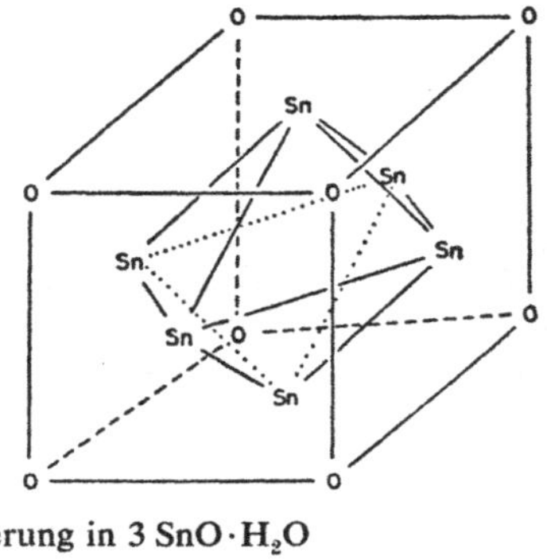

Abb. 19. Sn_6O_8-Gruppierung in $3\,SnO \cdot H_2O$

b) Zinn(IV)-oxidaquat SnO_2, aq

Ein Zinn(IV)-hydroxid ist unbekannt. Die Hydrolyse von Zinn(IV)-salzen liefert ein weißes, voluminöses Fällungsprodukt, das offensichtlich amorph ist und vermutlich gebundenes Wasser in einem Zinndioxidgel enthält. Das frisch hergestellte Material wird „α-Zinnsäure" genannt[3]) und ist leicht löslich in Säuren. Alterung führt zu „β-Zinnsäure", die sich schwerer in Säure löst und die ein für SnO_2 (Rutil-Typ) charakteristisches Röntgendiagramm enthält.

Die thermische Zersetzung von Zinn(IV)-oxidaquat wurde mit ^{1}H-Kernmagnetischer Resonanz und Elektronenbeugung untersucht. Die verschiedenen kristallinen Dehydratationsprodukte wurden an Hand der Temperaturabhängigkeit der Breite der NMR-Linien zwischen 80 und 300 K untersucht. Es zeigte sich, daß die Protonen in OH-Gruppen auftreten, und zwar so, daß bei der ersten Dehydratationsstufe SnO_3H_2 bei 80 K Cluster mit drei oder mehr Protonen vorliegen können (Abb. 20)[4]).

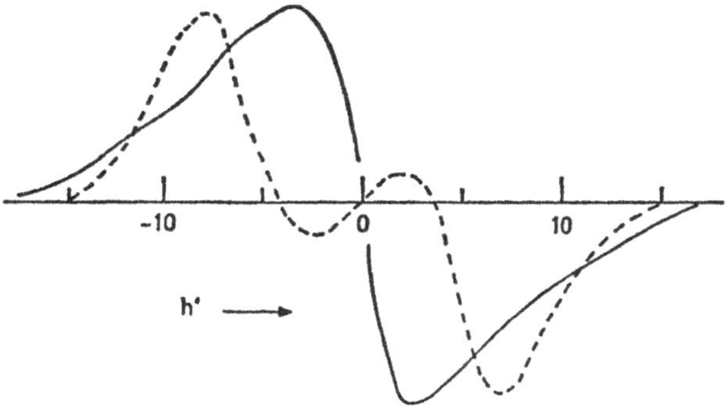

Abb. 20. Die 1. Ableitung der ^{1}H-Kernmagnetischen Resonanzabsorption von SnO_3H_2 bei 80 K. ———: SnO_3H_2 ; - - - - - -: berechnet für isolierte H_2O-Moleküle, nach *Giesekke, Gutowsky, Kirkov* und *Laitinen*[4])

c) Zinn(II)-oxid SnO

Bei Zugabe von wäßrigem Ammoniak zu Sn(II)-Salzlösungen erhält man ein weißes, wasserhaltiges Oxid, das durch Erhitzen der Suspension bei 60—70 °C in 2 M Ammoniaklösung zu spektrochemisch reinem, tetragonalen schwarzen SnO, SnO(I), entwässert wird oder bei 90—100 °C in Gegenwart von Phosphit zu einer orthorhombischen[5]) roten Modifikation, SnO(II), die durch PO_3^{3-}-Ionen stabilisiert wird. Ein sehr reines rotes SnO mit unbekannter Struktur wurde ohne Stabilisator durch eine spezielle Darstellungsmethode erhalten[6]). Eine Hochdruckphase von Zinn(II)oxid, SnO(III), die bei Drücken von 15 bis 17 kbar stabil ist, ist beschrieben worden[7]).

Die bei Raumtemperatur stabile, tetragonale schwarze Form kristallisiert im PbO(II)-Typ (α-PbO-Typ). Dieses Oxid besitzt eine Schichtstruktur, in der sich die Zinnatome an der Spitze einer quadratischen Pyramide befinden, deren Basis von vier eng benachbarten Sauerstoffatomen gebildet wird [d(Sn – O) = 2,21 Å]. Der Sn – Sn-Abstand zwischen den Schichten beträgt 3,70 Å und ist so nahe dem Sn – Sn-Abstand im Zinnmetall, daß eine gewisse Form von Sn – Sn-Wechselwirkung nicht ausgeschlossen werden kann.

SnO kann, wie auch SiO und GeO, aus der Dampfphase kondensiert und bei 15 K in einer Matrix aus Argon oder Stickstoff eingefangen werden. In dieser Form liegen Si_2O_2-, Ge_2O_2- und Sn_2O_2-Moleküle vor, die alle rhombische Strukturen (Symmetrie V_h) nach ihren IR-Spektren besitzen [8]. Mössbauer-Untersuchungen an in der Matrix isolierten SnO- und Sn_2O_2-Molekülen und höheren Polymeren sind durchgeführt worden [9].

d) *Zinn(II, IV)-oxid Sn_3O_4*

Durch kurzzeitiges Erhitzen von SnO auf Temperaturen $\leq$ 1050 K in trockener N_2-Atmosphäre wurde Sn_3O_4 durch Disproportionierungsreaktion hergestellt. Es kristallisiert triklin. Das *Mössbauer*-Spektrum von Sn_3O_4 widerspricht nicht der Zusammensetzung $Sn_2^{II}Sn^{IV}O_4$. Untersuchungen mittels DTA zeigten, daß sich dieses Oxid langsam unter Bildung von SnO_2 (f) und Sn (fl) zersetzt [10].

e) *Zinn(IV)-oxid SnO_2*

Zinndioxid kommt in drei unterschiedlichen Modifikationen vor, von denen die Rutilform (TiO_2(III)-Typ) [11] als Mineral Kassiterit am weitesten verbreitet ist. Außerdem vermag es noch rhombisch und hexagonal aufzutreten.

f) *Stannite und Stannate*

SnO löst sich in Alkalien unter Bildung von Hydroxo-Ionen. Es sind Salze mit den Ionen $[Sn(OH)_3]^-$ und $[(OH)_2SnOSn(OH)_2]^{2-}$ bekannt.

Die Reaktion von β-Zinnsäure mit einem Überschuß von Alkalihydroxid führt zu kristallinen Salzen $M_2^ISn(OH)_6$, die das oktaedrische Ion $[Sn(OH)_6]^{2-}$ enthalten [12]. Beim Erhitzen von Alkalioxiden und SnO_2 entstehen Stannate, z. B. K_4SnO_4, K_2SnO_3 und $K_2Sn_3O_7$ [13–15].

g) *Blei(II)-oxidhydroxid $Pb_6O_4(OH)_4$*

Kristallines Blei(II)-oxidhydroxid kann durch Hydrolyse von Blei(II)-azetatlösungen und durch Auflösen von tetragonalem PbO in großen Mengen von CO_2-freiem Wasser und Eindampfen unter vermindertem Druck erhalten werden. Es hat die Zusammensetzung $3\ PbO \cdot H_2O$ [16].

Nach Röntgenaufnahmen ist diese Verbindung isostrukturell mit $Sn_6O_8H_4$. Es liegen also oktaedrische Pb_6-Cluster vor, die in einem Würfel von O-Atomen enthalten sind. Diese Pb_6O_8-Einheiten werden durch Wasserstoffbrücken verbunden [1].

h) Bleioxide

Blei und Sauerstoff bilden die Verbindungen PbO, Pb_3O_4, $Pb_{12}O_{17}$, Pb_2O_3, $Pb_{12}O_{19}$ (in der Literatur auch als Pb_6O_{10}, Pb_7O_{11} oder Pb_5O_8 bezeichnet) und PbO_2. Einen Überblick über die im System Pb – O bei verschiedenen Temperaturen und O_2-Drücken existierenden Phasen gibt Abb. 21.

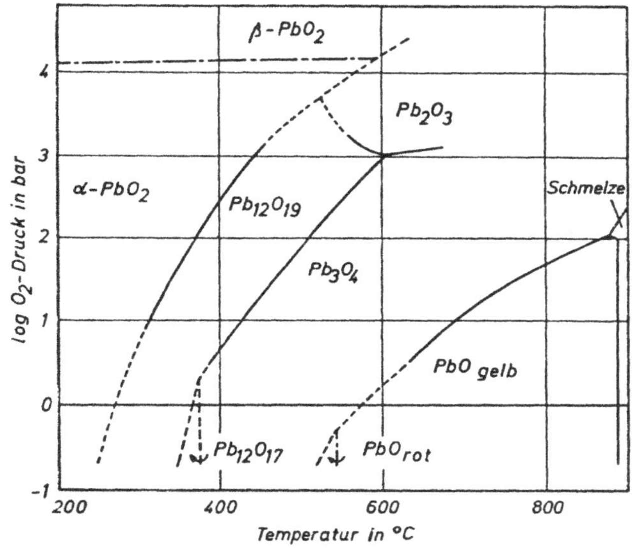

Abb. 21. Schematische Übersicht der Phasen im System Pb – O in Abhängigkeit von Temperatur und O_2-Druck [17])

i) Blei(II)-oxid PbO

Blei(II)-oxid PbO tritt in einer roten tetragonalen Tieftemperaturmodifikation und > 488 °C in einer gelben orthorhombischen Hochtemperaturmodifikation auf [18]). Sehr reines PbO bildet sich durch Fällen von Blei(II)-azetatlösung mit wäßrigem NH_3 unter Benutzung von Polyäthylengefäßen. Bei dieser nassen Darstellung entsteht zuerst die gelbe Form, die sich dann in die rote Form umwandelt [18, 19]).

Die Struktur der orthorhombischen Modifikation [PbO(I)-Typ, β-PbO-Typ] besteht aus Pb-Schichten, wobei jeder zweite Zwischenraum mit einer gewellten O-Schicht ausgefüllt ist [20, 21]).

Im tetragonalen Blei(II)-oxid[PbO(II)-Typ, α-PbO-Typ] ist jedes O-Atom tetraedrisch von 4 Pb-Atomen umgeben. Pb ist an vier O-Atome gebunden, wobei eine quadratische Pyramide mit Pb an der Spitze entsteht [22]).

k) Blei(II, IV)-oxid Pb_3O_4

Das Oxid Pb_3O_4 (Mennige) entsteht beim Erhitzen von PbO und PbO_2 an der Luft. Das Kristallgitter von Pb_3O_4 enthält $Pb^{IV}O_6$-Oktaeder, die über gegenüberliegende Kanten zu Ketten verknüpft sind. Die Ketten wiederum sind durch Pb^{II}-Atome verbunden, die an jeweils drei Sauerstoffatome pyramidal gebunden sind [23]).

Chemisch verhält sich Pb_3O_4 wie ein Gemisch aus PbO und PbO_2. Beim Erhitzen dissoziiert es in PbO und Sauerstoff.

l) Blei(IV)-oxid PbO_2

Bleidioxid tritt in drei Modifikationen auf: PbO_2(I) bildet sich bei der Oxidation von Blei(II)-azetatlösungen mit Hypochlorit oder durch Reaktion von Pb_3O_4 mit Salpetersäure. PbO_2(II) wird während der Elektrolyse von Bleiazetat-, Bleinitrat- oder Natriumplumbitlösungen an der Anode abgeschieden. PbO_2(III) entsteht beim Erhitzen von PbO_2(I) auf 300—700 °C bei Drücken zwischen 50 und 75 kbar [24]).

PbO_2(I) besitzt Rutilstruktur [TiO_2(III)-Typ]. PbO_2(II) hat eine Columbit-Struktur [α-PbO_2-Typ $\triangleq$ $FeNb_2O_6$-Typ]. Die Kristallstruktur besteht im wesentlichen aus einer hexagonal dichtesten Kugelpackung von O-Atomen, in der die Hälfte der oktaedrischen Lücken mit Pb-Atomen besetzt ist. PbO_2(III) kristallisiert im CaF_2-Typ [Fluorit-Typ] [24]).

m) Plumbate

Neben den Hexahydroxoplumbaten [25]) gibt es noch andere Plumbate. So bildet sich K_2PbO_3 neben $K_2Pb_3O_7$ aus einer Schmelze von KOH und PbO_2. Beide Verbindungen sind isostrukturell mit den entsprechenden Stannaten [13, 15, 26]). $BaPbO_3$ besitzt Perowskit-Struktur [27]), Ba_2PbO_4 ist tetragonal [28]). Weder die Meta- noch die Orthoplumbate enthalten diskrete PbO_3^{2-}- und PbO_4^{4-}-Ionen.

Literatur

1. *Howie, R. A.* und *Moser, W.*, Nature (London) **219,** 372 (1968).
2. *Howie, R. A.* und *Moser, W.*, Amer. Mineralogist **58,** 552 (1973).
3. *Durand, S.* und *Masdupuy, É.*, Bull. Soc. chim. France 1844 (1974).
4. *Giesekke, E. W., Gutowsky, H. S., Kirkov, P.* und *Laitinen, H. A.*, Inorg. Chem. (Washington) **6,** 1294 (1967).
5. *Donaldson, J. D., Moser, W.* und *Simpson, W. B.*, Acta crystallogr. (Copenhagen), Suppl. **16,** A 22 (1963).
6. *Kwestroo, W.* und *Vromans, P. H. G. M.*, J. Inorg. Nuclear Chem. **29,** 2187 (1967).
7. *Serebrynaya, N. R., Kabalkina, S. S.* und *Vereshchagin, L. F.*, Doklady Akad. Nauk SSSR **187,** 307 (1969); Soviet Phys.-„Doklady" (Engl. Transl.) **14,** 672 (1970).
8. *Anderson, J. S., Ogden, J. S.* und *Ricks, M. J.*, Chem. Commun., 1585 (1968)

9. *Bos, A., Howe, A. T., Dale, B. W.* und *Becker, L. W.*, J. Chem. Soc. (London), Faraday Trans. II, Chem. Phys. **70,** 440 (1974).
10. *Lawson, F.*, Nature (London) **215,** 955 (1967.
11. *Baur, W. H.* und *Khan, A. A.*, Acta crystallogr. (Copenhagen), Sect B **27,** 2133 (1971).
12. *Maltese, M.* und *Orville-Thomas, W. J.*, J. Inorg. Nuclear Chem. **29,** 2533 (1967).
13. *Hoppe, R., Röhrborn, H.-J.* und *Walker, H.*, Naturwiss. **51,** 86 (1964).
14. *Tournoux, M.*, Ann. Chimie **9,** 579 (1964).
15. *Gatehouse, B. M.* und *Lloyd, D. J.*, Chem. Commun. 727 (1969).
16. *Todd, G.* und *Parry, E.*, Nature (London) **202,** 386 (1964).
17. *Roy, R.*, Bull. Soc. chim. France 1065 (1965).
18. *Kwestroo, W.* und *Huizing, A.*, J. Inorg. Nuclear Chem. **27,** 1951 (1965).
19. *Kwestroo, W., de Jonge, J.* und *Vromans, P. H. G. M.*, J. Inorg. Nuclear Chem. **29,** 39 (1967).
20. *Kay, M. I.*, Acta crystallogr. (Copenhagen) **14,** 80 (1961).
21. *Leciejewicz, J.*, Acta crystallogr. (Copenhagen) **14,** 66 (1961).
22. *Leciejewicz, J.*, Acta crystallogr. (Copenhagen) **14,** 1304 (1961).
23. *Fayek, M. K.* und *Leciejewicz, J.*, Inst. Nucl. Res. (Warsaw), Rept. 499/II, 1 (1964); Chem. Abstr. **61,** 12733 (1964).
24. *Syono, Y.* und *Akimoto, S.*, Mater. Res. Bull. **3,** 153 (1968).
25. *Maltese, M.* und *Orville-Thomas, W. J.*, J. Inorg. Nuclear Chem. **29,** 2533 (1967).
26. *Foussassier, G., Tournoux, M.* und *Hagenmuller, P.*, J. Inorg. Nuclear Chem. **26,** 1811 (1964).
27. *Weiss, R.*, C. R. hebd. Séances Acad. Sci. **246,** 3073 (1958).
28. *Weiss, R.* und *Faivre, R.*, C. R. hebd. Séances Acad. Sci. **248,** 106 (1959).

9. Oxosäuren und Oxide des Stickstoffs

a) Oxosäuren [1])

Die beiden wichtigsten Oxosäuren des Stickstoffs sind die Salpetersäure $(HO)NO_2$ und die salpetrige Säure (HO)NO. Ihre Struktur ist vollkommen gesichert. Ferner sind in der Literatur eine Reihe von Substanzen beschrieben worden, die zum Teil nur in Lösung oder nur in Form von Salzen bekannt sind, und deren Existenz und Struktur nicht in allen Fällen gesichert sind.

*α) Salpetersäure $(HO)NO_2$ *)*

Wäßrige Salpetersäure wird großtechnisch durch Einleiten von NO_2 aus der katalytischen NH_3-Oxidation in Wasser dargestellt, wobei ein Über-

---

*) Stickstoffdioxidhydroxid $(HO)NO_2$ spaltet in wäßriger Lösung Protonen ab. Die Verbindung fungiert daher in diesem Milieu als Säure und wird dementsprechend „Salpetersäure" genannt. Da erst durch die Protonenabgabe aus dem Hydroxid die Säure entsteht, ist die Bezeichnung „Salpetersäure" für $(HO)NO_2$ eigentlich nicht richtig. Dies gilt sinngemäß auch für entsprechende andere Verbindungen.

schuß an Luft oder Sauerstoff zur weiteren Oxidation erforderlich ist [2]). Die wäßrige Säure kann durch Eindampfen bis auf einen Gehalt von 69% $(HO)NO_2$ konzentriert werden. Durch Vakuumdestillation in Gegenwart von konzentrierter Schwefelsäure oder von P_2O_5 kann sie weiter entwässert werden.

Wasserfreie Salpetersäure ist eine farblose Flüssigkeit (Fp. $-41{,}6$ °C; Kp. 82,6 °C), die teilweise in NO_2^+, NO_3^- und H_2O dissoziiert ist. Reine wasserfreie Salpetersäure existiert nur im festen Zustand. Nach einer Röntgenbeugungsanalyse [3]) ist die Einheitszelle monoklin. Im Gegensatz dazu sind die Hydrate $HNO_3 \cdot H_2O$ und $HNO_3 \cdot 3\,H_2O$ orthorhombisch [4]). Nach Messungen der kernmagnetischen Resonanz liegt das Monohydrat als Oxoniumnitrat, $H_3O^+NO_3^-$, vor [5]).

In der Gasphase ist das $(HO)NO_2$-Molekül nach Mikrowellendaten planar (Symmetrie C_s):

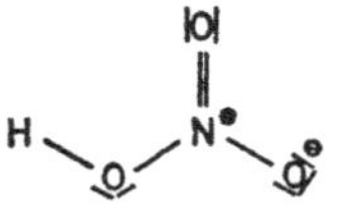

Das N-Atom ist sp²-hybridisiert. Die π-Bindung ist nur über die Nitrogruppe delokalisiert. Die OH-Gruppe ist praktisch über eine einfache σ-Bindung an das N-Atom gebunden [1]). Das Rotationsspektrum von Salpetersäuredampf ist im fernen Infrarot gemessen worden [6]).

β) Salpetrige Säure (HO)NO

Gasförmiges (HO)NO wird bei der Reaktion von H_2O_2 mit NO beobachtet [7]). Es zerfällt in NO_2, NO und H_2O und ist in reinem Zustand nicht darstellbar. Gasförmige salpetrige Säure besteht aus planaren Molekülen von cis- und trans-(HO)NO [1, 8]):

cis trans

Das trans-Isomere ist um 2,1 kJ/mol stabiler als die cis-Form [9]).

γ) Hyposalpetrige Säure $(HON)_2$ [10])

Beim Behandeln von $Ag_2N_2O_2$ mit HCl in Äther erhält man die freie Säure, die beim Eindampfen der filtrierten Lösung in farblosen, explosiven Blättchen auskristallisiert.

$(HON)_2$ enthält die OH-Gruppen in trans-Stellung [11]):

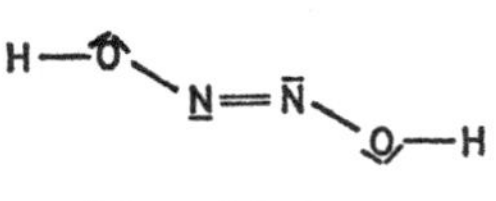

Die Existenz des cis-Isomeren ist unsicher.

Hyposalpetrige Säure ist eine sehr schwache zweibasige Säure. Sie zersetzt sich langsam schon in der Kälte in N_2O und H_2O.

b) *Oxide* [1, 12, 13]

Die Strukturen von N_2O, NO, N_2O_2, N_2O_3, NO_2, N_2O_4 und N_2O_5 sind gesichert. Alle Stickstoffoxide sind endotherme Verbindungen, die beim Erhitzen in die Elemente zerfallen.

α) *Distickstoffoxid N_2O*

N_2O bildet sich bei der thermischen Zersetzung von reinstem NH_4NO_3. Das Molekül ist linear (Symmetrie $C_{\infty v}$). Es ist mit CO_2 isoster. Sein Zustand läßt sich am besten durch folgende Grenzstrukturen beschreiben, von denen die erste das größere Gewicht besitzt [1]):

d(NN) = 1,126 Å
d(NO) = 1,186 Å
μ = 0,166 D

Distickstoffoxid ist ein farbloses, ziemlich reaktionsträges Gas (Fp. −91 °C; Kp. −88 °C). Es zerfällt bei höheren Temperaturen in Stickstoff und Sauerstoff, reagiert mit Alkalimetallen und vielen organischen Verbindungen und unterhält die Verbrennung.

β) *Stickstoffmonoxid NO, N_2O_2*

NO wird industriell durch katalytische Oxidation von NH_3 bei 800 bis 960 °C gewonnen. Das NO-Molekül besitzt die Elektronenkonfiguration $(\sigma_1)^2(\sigma_1{}^*)^2(\sigma_2\pi)^6(\pi^*)$. Das ungepaarte π^*-Elektron ist für den Paramagnetismus des Moleküls verantwortlich und kompensiert die Wirkung der π-bindenden Elektronen teilweise. Dieses Elektron wird relativ leicht abgegeben, weswegen NO als Reduktionsmittel reagieren kann. Der MO-Bindungsgrad ergibt sich für NO zu 2,5 in Übereinstimmung mit einem interatomaren Abstand von 1,15 Å, der einen Wert zwischen dem Dreifachbindungsabstand im NO^+ (MO-Bindungsgrad 3,0) von 1,06 Å und typischen Doppelbindungsabständen von etwa 1,20 Å darstellt.

Das NO-Molekül besitzt eine nur geringe Neigung zu dimerisieren. Das Gleichgewicht

$$2\,NO \rightleftharpoons N_2O_2 \qquad \Delta H^\circ = -10{,}5\ \text{kJ/mol}\ N_2O_2$$

liegt bei Raumtemperatur ganz auf der linken Seite. Erst im flüssigen und vor allem im festen Zustand ist Stickstoffmonoxid weitgehend dimerisiert. Im Dampfzustand existieren am Siedepunkt Dimere mit einer Dissoziationswärme von etwa 8 kJ/mol [12]). Die Struktur des dimeren Stickstoffmonoxids, N_2O_2, ist sowohl im Dampfzustand durch IR-Messungen als auch im festen

Zustand durch Röntgenbeugungsmethoden bestimmt worden. Die nach beiden Methoden erhaltenen Ergebnisse sind sehr unterschiedlich. In der gasförmigen und festen Phase besitzt das Dimere eine planare cis-Konfiguration:

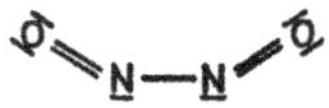

d(NN) = 1,74 Å
d(NO) = 1,16 Å
Winkel (NNO) = 107°

Ab initio SCF-Berechnungen führen zu den angegebenen Strukturdaten [14].

NO ist ein farbloses Gas (Fp. −164 °C; Kp. −152 °C), das im Gegensatz zum N_2O ziemlich reaktionsfreudig ist. Es reagiert über die Stufe des N_2O_2 mit O_2 in einer exothermen Gleichgewichtsreaktion zu NO_2 bzw. N_2O_4.

γ) *Distickstofftrioxid* N_2O_3

Gewöhnlich wird N_2O_3 durch Kondensieren äquimolarer Mengen von NO_2 (im Gleichgewicht mit N_2O_4) und NO bei etwa −20 °C dargestellt:

$$NO + NO_2 \rightleftharpoons N_2O_3 \qquad \Delta H° = -40\ kJ/mol\ N_2O_3 .$$

In der Gasphase ist N_2O_3 weitgehend, aber nicht vollständig in NO und NO_2 dissoziiert. Die Moleküle N_2O_3 sind nach Elektronenbeugungsdaten [15], Mikrowellen- [16] und IR-Spektren [17] planar (Symmetrie C_s) und enthalten wie N_2O_2 und N_2O_4 eine schwache, durch einen sehr großen Kernabstand charakterisierte N−N-Bindung:

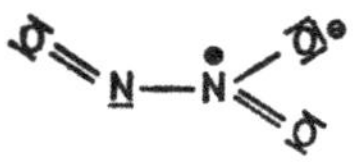

d(NN) = 1,86 Å.

Im festen Zustand nimmt man neben dieser Form eine instabile der Struktur ONONO an [12]. Flüssiges N_2O_3 ist tiefblau und erstarrt bei etwa −110 °C zu hellblauen Kristallen. Mit H_2O reagiert es zu (HO)NO.

δ) *Stickstoffdioxid* NO_2, N_2O_4

NO_2 ist ein braunes, paramagnetisches Gas, das mit dem farblosen, diamagnetischen N_2O_4 in einem druck- und temperaturabhängigen Gleichgewicht existiert:

$$2\ NO_2 \rightleftharpoons N_2O_4 \qquad \Delta H° = -65\ kJ/mol\ N_2O_4 .$$

NO_2 besitzt ein ungepaartes Elektron, das hauptsächlich auf dem N-Atom lokalisiert zu sein scheint [18]:

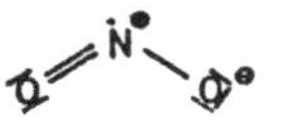

Winkel (ONO) = 1,19 Å
d(NO) = 134°

N_2O_4 besteht in der Gasphase aus planaren Molekülen der Symmetrie D_{2h} [19–22]:

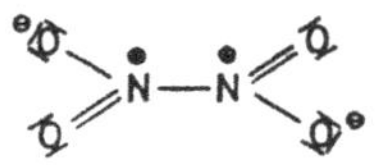

d(NO) = 1,18 Å
d(NN) = 1,75 Å
Winkel (ONO) = 134°

Daneben wurden weniger stabile Isomere nachgewiesen, die sich bei tiefen Temperaturen fixieren lassen. Bei der Temperatur des flüssigen Stickstoffs (77 K) kann in einem inerten Einbettungsmittel eine verdrillte oder nichtplanare Form abgefangen werden. Bei etwa 4 K gelingt die Fixierung einer weiteren Form, bei der es sich nach dem IR-Spektrum vermutlich um ein Isomeres mit der Atomanordnung $ONONO_2$ handelt [19].

Es sind auch höhere Polymere des NO_2 bekannt: $(NO_2)_3$, $(NO_2)_4$ und $(NO_2)_5$. Strukturen sind vorgeschlagen worden [23].

NO_2 ist ein äußerst korrosives Gas, das > 150 °C in NO und O_2 zu zerfallen beginnt.

ε) Distickstoffpentoxid N_2O_5

Farblose, sublimierbare Kristalle von N_2O_5 bilden sich bei der vorsichtigen Entwässerung von Salpetersäure mit P_2O_5.

Gasförmiges N_2O_5 besteht aus Molekülen folgender Struktur:

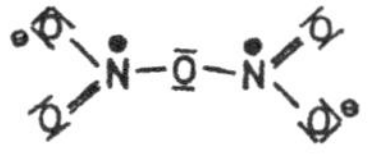

Der Winkel der gebogenen NON-Gruppe weicht nur wenig von 180° ab. Oberhalb etwa -78 °C liegt festes N_2O_5 als Nitroniumnitrat, $NO_2^+NO_3^-$, vor [24]. Kondensiert man jedoch das Gas an einer kalten Fläche bei etwa 90 K, so erhält man die molekulare Form, die für einige Stunden beständig ist. Beim Erwärmen auf etwa 200 K lagert sie sich rasch in $NO_2^+NO_3^-$ um.

N_2O_5 ist in diffusem Licht < 8 °C stabil. Es zersetzt sich im Sonnenlicht oder beim Erwärmen auf Raumtemperatur langsam in NO_2 und O_2 und reagiert mit Wasser heftig zu HNO_3. Viele Reaktionen des N_2O_5 in der Gasphase hängen von der Dissoziation in NO_2 und NO_3 ab [12].

ζ) Stickstofftrioxid NO_3

Bei der durch N_2O_5 katalysierten Zersetzung des Ozons kann die Konzentration des NO_3 (im „steady state“) so hoch sein, daß sein Absorptionsspektrum aufgenommen werden kann [25]. Durch Elektronenspinresonanz konnte es in mit Elektronen bestrahlten $NaNO_3$-Kristallen nachgewiesen werden [26].

Man nimmt gewöhnlich eine planare symmetrische Struktur im Grundzustand an. Eine isomere Form mit der asymmetrischen Pernitrit-Struktur OONO ist bei der Reaktion von NO mit O_2 bei niedrigem Druck beobachtet worden [27]:

$$O_2 + NO \rightleftharpoons OONO\,.$$

Literatur

1. *Steudel, R.*, Chemie der Nichtmetalle, S. 355—364 (Berlin-New York 1974).
2. *Connor, H.*, Platinum Metals Review **11**, 2 (1967).
3. *Luzzati, V.*, Acta crystallogr. (Copenhagen) **4**, 120 (1951).
4. *Bouttier, L.*, C. R. hebd. Séances Acad. Sci. **228**, 1419 (1949).
5. *Richards, R. E.* und *Smith, J. A. S.*, Trans. Faraday Soc. **47**, 1261 (1951); *Bethell, D. E.* und *Sheppard, N.*, J. Chem. Physics **21**, 1421 (1953).
6. *Fleming, J. W.*, Chem. Physics Letters (Amsterdam) **25**, 553 (1974).
7. *Asquith, P. L.* und *Tyler, B. J.*, Chem. Commun. 744 (1970).
8. *Barrow, R. F.* und *Merer, A. J.*, in *Mellor's* Comprehensive Treatise on Inorganic and Theoretical Chemistry, Vol. 8, Suppl. II, Nitrogen, Part II, p. 480 (London 1967).
9. *Altshuller, A. P.*, J. Physic. Chem. **61**, 251 (1957).
10. *Hughes, M. N.*, Quart. Rev. (Chem. Soc., London) **22**, 1 (1968).
11. *McGraw, G. E.*, *Bernitt, D. L.* und *Hisatsune, I. C.*, Spectrochim. Acta (Oxford), Part A **23**, 25 (1967).
12. *Cotton, F. A.* und *Wilkinson, G.*, Anorganische Chemie. 3. Auflage, S. 368 bis 376. Übersetzt von *H. P. Fritz* (Weinheim/Bergstr. 1974).
13. *Jones, K.*, Nitrogen in Comprehensive Inorganic Chemistry, Volume 2, p. 316 bis 388 (Oxford-New York-Toronto-Sydney-Braunschweig 1973).
14. *Skancke, P. N.* und *Boggs, J. E.*, Chem. Physics Letters (Amsterdam) **21**, 316 (1973).
15. *Brittain, A. H.*, *Cox, A. P.* und *Kuczkowski, R. L.*, Trans. Faraday Soc. **65**, 1963 (1969).
16. *Kuczkowski, R. L.*, J. Amer. Chem. Soc. **87**, 5259 (1965).
17. *Bibart, C. H.* und *Ewing, G. E.*, J. Chem. Physics **61**, 1293 (1974).
18. *Bird, G. R.*, J. Chem. Physics **25**, 1040 (1956).
19. *Fateley, W. G.*, *Bent, H. A.* und *Crawford, Jr., B.*, J. Chem. Physics **31**, 204 (1959).
20. *McClelland, B. W.*, *Gundersen, G.* und *Hedberg, K.*, J. Chem. Physics **56**, 4541 (1972).
21. *Bibart, C. H.* und *Ewing, G. E.*, J. Chem. Physics **61**, 1284 (1974).
22. *Ahlrichs, R.* und *Keil, F.*, J. Amer. Chem. Soc. **96**, 7615 (1974).
23. *Liebmann, J. F.*, J. Chem. Physics **60**, 2944 (1974); *Novick, S. E.*, *Howard, B. J.* und *Klemperer, W.*, J. Chem. Physics **60**, 2945 (1974).
24. *Grison, E.*, *Eriks, K.* und *de Vries, J. L.*, Acta crystallogr. (Copenhagen) **3**, 290 (1950).
25. *Jones, E. J.* und *Wulf, O. R.*, J. Chem. Physics **5**, 873 (1937).
26. *Adde, R.*, C. R. hebd. Séances Acad. Sci., Sér. C **264**, 1905 (1967).
27. *Guillory, W. A.* und *Johnson, H. S.*, J. Chem. Physics **42**, 2457 (1965).

10. Oxosäuren und Oxide des Phosphors

Oxosäuren

Oxosäuren mit einem P-Atom

Alle Oxosäuren des Phosphors besitzen P—OH-Bindungen, deren Wasserstoffatom ionisierbar ist. H-Atome in P—H-Bindungen sind dagegen nicht ionisiert. Als Beispiele von Oxosäuren mit einem P-Atom seien die drei wichtigsten aufgeführt:

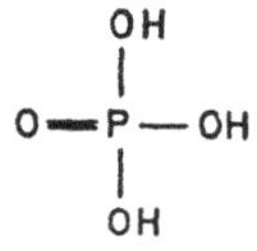

Orthophosphorsäure

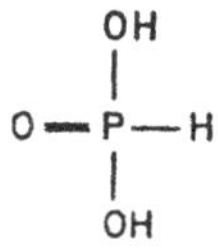

Phosphorige Säure

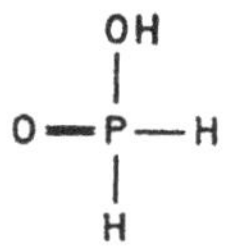

Hypophosphorige Säure

Orthophosphorsäure $(HO)_3PO$ [1])

Diese Säure wird gewöhnlich als 85⁰/₀ige, sirupöse Säure durch direkte Umsetzung von Mineralphosphaten mit Schwefelsäure hergestellt. Die reine Säure bildet farblose Kristalle (Fp. 42 °C) und kann durch Eindampfen der wäßrigen Lösung im Vakuum bei 80 °C erhalten werden.

Die Kristalle bestehen aus tetraedrischen PO_4-Gruppen, die durch Wasserstoffbrücken zu Schichten verbunden sind [2]):

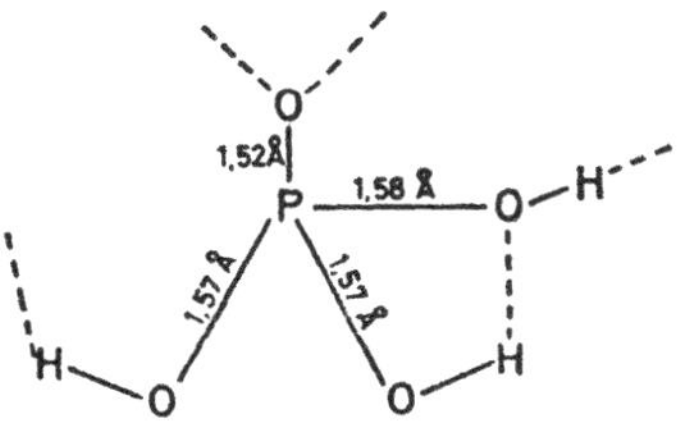

--- = H-Brücken

Auch in wäßriger Lösung ist Phosphorsäure stark durch H-Brücken vernetzt. Daher sind konzentrierte H_3PO_4-Lösungen sirupartig viskos.

H_3PO_4 ist im Wasser eine dreibasige, mittelstarke Säure. Die reine Säure ist sehr beständig und hat unterhalb 350—400 °C praktisch keine oxidierende Wirkung. Bei höheren Temperaturen oxidiert sie Metalle. Frisch geschmolzene Säure besitzt eine merkliche ionische Leitfähigkeit, was auf Eigenprotolyse schließen läßt [3]). Die Bildungsenthalpie von wäßriger Orthophosphorsäure $\Delta H_f{}^\circ[H_3PO_4$ in $40\,H_2O$, 298,15 K] beträgt —(1294,3 ± 1,6) kJ/mol [4]).

Das Hemihydrat der Phosphorsäure, $H_3PO_4 \cdot {}^1/_2\,H_2O$ (Fp. 29,3 °C) enthält im Kristallgitter zwei kristallographisch diskrete H_3PO_4-Moleküle, die sowohl untereinander als auch mit einem H_2O-Molekül durch Wasserstoffbrücken verbunden sind [5, 6]).

Phosphorige Säure $(HO)_2HPO$

H_3PO_3 wird durch vorsichtige Hydrolyse von PCl_3 mit konz. Salzsäure dargestellt und durch Eindampfen der Lösung kristallin erhalten (Fp. 70 °C). H_3PO_3 ist äußerst hygroskopisch. Sie löst sich sehr leicht in Wasser und dissoziiert in zwei Stufen. Phosphorige Säure ist ein starkes Reduktionsmittel. Beim Erhitzen disproportioniert die Säure in PH_3 und H_3PO_4. Die Bildungswärme der kristallinen Säure, $\Delta H_f°[H_3PO_3$, krist.], beträgt $-(958{,}6 \pm 2{,}5)$ kJ/mol [7]).

Hypophosphorige Säure $(HO)H_2PO$

Die freie Säure bildet sich beim Versetzen des Calciumsalzes mit einer äquivalenten Menge Schwefelsäure. H_3PO_2 ist dann in Form eines weißen kristallinen Festkörpers (Fp. 26,5 °C) durch Eindampfen der wäßrigen Lösung isolierbar. H_3PO_2 ist eine mittelstarke, einbasige Säure und ein starkes Reduktionsmittel.

Kondensierte Phosphorsäuren [8])

Diese Säuren enthalten das Strukturelement P – O – P, das durch Kondensationsreaktion darstellbar ist:

$$P-OH + HO-P \rightarrow P-O-P + H_2O\,.$$

Die Kondensation kann zu ketten- und ringförmigen und verzweigten Strukturen führen. Alle kondensierten Phosphor(V)-Säuren lassen sich aus den folgenden Bausteinen aufbauen, den End-, Mittel- und Verzweigungsgruppen:

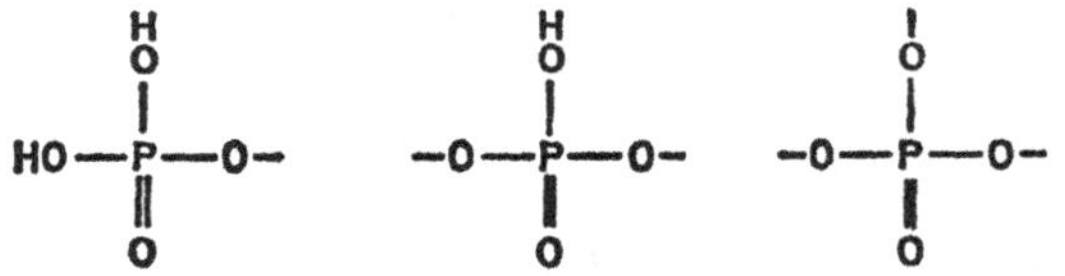

Endgruppe Mittelgruppe Verzweigungsgruppe

Diese Bauelemente können nicht nur chemisch unterschieden werden — z. B. werden die P – O – P-Bindungen der Verzweigungsstellen schnell hydrolysiert — sondern auch durch ^{31}P-Kernresonanz-Spektren. Sie lassen sich in (lineare) Polyphosphorsäuren, (cyclische) Metaphosphorsäuren und (vernetzte) Ultraphosphorsäuren einbauen.

Polyphosphorsäuren enthalten End- und Mittelgruppen und sind aus linearen Molekülen von verschiedener Kettenlänge aufgebaut. Diese Ketten bestehen aus PO_4-Tetraedern, die über O-Ecken miteinander verbunden sind:

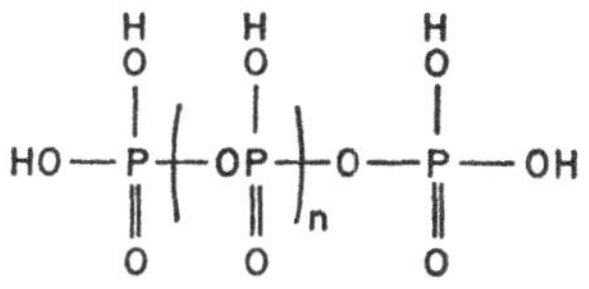

n = 0 Diphosphorsäure (Pyrophosphorsäure)

n = 1 Tripolyphosphorsäure

n = 2 Tetrapolyphosphorsäure

Pyrophosphorsäure, $H_4P_2O_7$, ist die einzige von den linearen Polyphosphorsäuren, die leicht in kristalliner Form erhalten werden kann. Sie besitzt einen theoretischen P_2O_5-Gehalt von 79,8%. Bringt man eine flüssige Säure mit dieser Konzentration zum kristallisieren, erhält man Pyrophosphorsäure (Form I), die gewöhnliche Form (Fp. 54,3 °C), als weißen Festkörper. Wird die kristalline Form I in einem abgeschlossenen Rohr mehrere Stunden auf 50 °C erhitzt, dann erfolgt Umwandlung in eine Form II (Fp. 71,5 °C), die bei Raumtemperatur die stabile Form ist.

Metaphosphorsäuren enthalten nur Mittelgruppen und sind deshalb ringförmig gebaut. Zum Beispiel erhält man Tetrametaphosphorsäure, wenn hexagonales P_4O_{10} langsam in Eiswasser gegeben wird.

Auch Säuren, in denen der Phosphor eine kleinere Oxidationsstufe als +5 hat, bilden kondensierte Verbindungen. Diphosphorige Säure entsteht durch Reaktion von PCl_3 mit H_3PO_3 [9, 10]:

$$5\,H_3PO_3 + PCl_3 \rightleftharpoons 3\,H_4P_2O_5 + 3\,HCl\,.$$

Die Reaktion ist reversibel und erfordert die vollständige Entfernung von HCl. Die Standardenthalpie der Hydrolyse und Bildung kristalliner Diphosphoriger Säure ist bei 298,15 K zu $-(47{,}3 \pm 0{,}4)$ bzw. $-(1582{,}0 \pm 4{,}6)$ kJ/mol $H_4P_2O_5$ bestimmt worden [11].

Hypophosphorsäure, $H_4P_2O_6$, erhält man als Dihydrat, wenn eine Lösung von $Na_2H_2P_2O_6 \cdot 6\,H_2O$ durch einen Kationenaustauscher geschickt wird [12]. Die wasserfreie Säure entsteht bei der Entwässerung des Dihydrats im Vakuum über P_2O_5 während eines Zeitraums von zwei Monaten. Unter Ausschluß von Feuchtigkeit sind sowohl $H_4P_2O_6$ als auch $H_4P_2O_6 \cdot 2\,H_2O$ bei 0—5 °C stabil. Die wasserfreie Säure beginnt bei 73 °C zu schmelzen ohne scharfen Schmelzpunkt [13]. Bei Raumtemperatur geht die Säure in $H(HO)(O)POP(O)(OH)_2$, $H_4P_2O_7$ und $[(HO)_2P]_2O$ über [14].

Peroxophosphorsäuren [15])

Die folgenden Säuren sind bekannt:

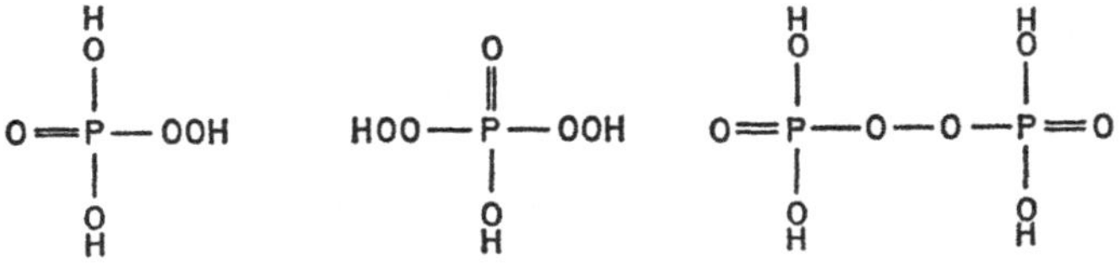

Peroxomonophosphorsäure Peroxodiphosphorsäure
Diperoxomonophosphorsäure

H_3PO_5 und H_3PO_6 können durch Perhydrolyse von P_4O_{10}, d. h. durch Reaktion mit H_2O_2/H_2O-Gemischen, dargestellt werden. $H_4P_2O_8$ entsteht bei der anodischen Oxidation von Phosphationen. Die Eigenschaften, insbesondere die ^{31}P-Kernresonanzdaten, sind beschrieben worden.

Oxide

Phosphor(III)-oxid P_4O_6

P_4O_6 bildet sich beim Verbrennen von P_4 im O_2-Strom bei vermindertem Druck und niedriger Temperatur [8]). Eine neuere Darstellungsmethode ist die Oxidation von Phosphor mit N_2O bei 550—600 °C und 70 Torr; Ausbeute 50% P_4O_6 [16]).

P_4O_6 besteht in allen Phasen und in Lösung aus P_4O_6-Molekülen. Diese leiten sich formal vom P_4-Tetraeder dadurch ab, daß alle sechs PP-Bindungen durch POP-Brücken ersetzt sind [17]):

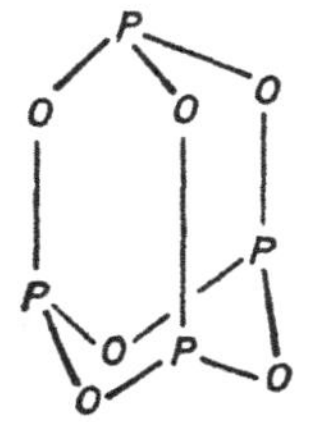

d(PO) = 1,64 Å
Winkel (POP) = 126°

Die relativ großen Winkel POP zeigen, daß keine reinen Einfachbindungen vorliegen, sondern daß die „freien" Elektronenpaare der O-Atome teilweise in d-Orbitale der P-Atome delokalisiert werden [18]). Eine Untersuchung des P_4O_6 mit der SCF-Methode ist durchgeführt worden [19]).

P_4O_6 ist farblos und wachsweich (Fp. 23,8 °C; Kp. 175 °C). An der Luft ist es bei 25 °C beständig. Mit überschüssigem kaltem Wasser reagiert es zu H_3PO_3. Die Reaktion mit heißem Wasser verläuft sehr kompliziert. Es bilden sich u. a. PH_3, H_3PO_4 und elementarer Phosphor. Die Chemie des P_4O_6 ist nicht gut untersucht, scheint jedoch komplex zu sein [20]).

Phosphor(V)-oxid

In überschüssigem Sauerstoff verbrennt Phosphor zu $P_4O_{10}[P_2O_5(I)]$:

$$P_4 + 5\,O_2 \rightarrow P_4O_{10} \qquad \Delta H^\circ = -1493\ \mathrm{kJ/mol}\ P_4O_{10}\,.$$

Zur Entfernung niederer Phosphoroxide wird P_4O_{10} bei Rotglut im O_2-Strom sublimiert. Man erhält dabei farblose, hexagonale Nadeln und Prismen, die aus P_4O_{10}-Molekülen bestehen [18].

Die P_4O_{10}-Moleküle leiten sich vom P_4O_6 dadurch ab, daß jedes P-Atom zusätzlich ein doppelt gebundenes, exoständiges O-Atom trägt [21]:

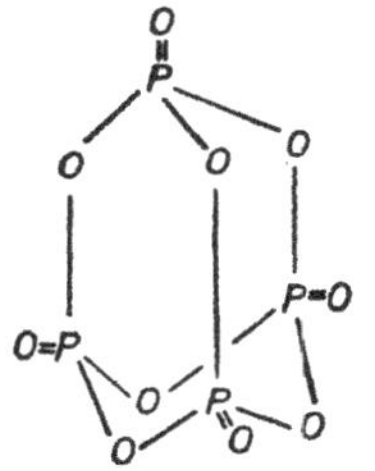

d(P = O) = 1,40 Å
d(P – O) = 1,60 Å
Winkel (P – O – P) = 124,5°

Die angegebenen Strukturdaten befinden sich im Einklang mit dem Ergebnis einer Elektronenbeugungsuntersuchung an gasförmigem P_4O_{10} [22].

Die P_2O_5(I)-Modifikation ist metastabil. Charakteristisch ist ihre Eigenschaft heftig mit Wasser zu reagieren. P_4O_{10} ist leicht flüchtig (Fp. 420 °C). Die Elektronenstruktur des P_4O_{10} ist nach der SCF-Methode berechnet worden [19].

Es existieren noch drei andere Modifikationen von Phosphor(V)-oxid: farblose orthorhombische Kristalle von P_2O_5(II) (Fp. 580 °C) [23] und farblose Nadeln von P_2O_5(III) durch Erhitzen der instabilen Modifikation P_2O_5(I) auf 500 °C (5 Tage) und auf 350 bis 400 °C (2,5 h) im abgeschlossenen Gefäß. P_2O_5(III) ist die stabile P_2O_5-Phase (Fp. 420 °C; orthorhombisch) [24]. Bei hohen Drücken tritt eine weitere Phase auf, P_2O_5(IV), deren Struktur aber noch nicht bestimmt worden ist [25].

Phosphor(III, V)-oxide

Die beiden Oxide P_4O_6 und P_4O_{10} sind die Endglieder einer Reihe, die durch schrittweises Hinzufügen je eines O-Atoms zum P_4O_6-Molekül entsteht:

$$P_4O_6 \qquad P_4O_7 \qquad P_4O_8 \qquad P_4O_9 \qquad P_4O_{10}\,.$$

Die Phosphor(III, V)-oxide bilden sich in Form farbloser, hygroskopischer Kristalle bei der thermischen Zersetzung von P_4O_6 und durch Reaktion zwischen P_4O_{10} bzw. Phosphor(III, V)-oxid und rotem Phosphor [26].

Nach der Strukturbestimmung liegen bei dem „α-Oxid“ (P_4O_{8+x}; $0 < x \leq 1$) Mischkristalle aus P_4O_9- und P_4O_8-Molekülen und bei dem

„β-Oxid" (P_4O_x; $x = 8{,}0 \cdots 7{,}7$) Mischkristalle aus P_4O_8- und P_4O_7-Molekülen vor. Alle Phosphor(III, V)-oxide haben eine dem P_4O_{10} ähnliche Molekülstruktur, wobei ein bzw. zwei bzw. drei exoständige O-Atome des P_4O_{10}-Moleküls fehlen [27, 28].

Literatur

1. *Slack, A. V.* (Hrsg.), Phosphoric Acid (New York 1968).
2. *Furberg, S.*, Acta chem. Scand. **9,** 1557 (1955); *Martin, C.* und *Durif, A.*, Bull, Soc. franç. Mineralog. Cristallogr. **95,** 154 (1972).
3. *Munsen, R. A.*, J. Physic. Chem. **68,** 3374 (1964).
4. *Head, A. J.* und *Lewis, G. B.*, J. Chem. Thermodynamics **2,** 701 (1970).
5. *Mighell, A. D., Smith, J. P.* und *Brown, W. E.*, Acta crystallogr. (Copenhagen), Sect. B **25,** 776 (1969).
6. *Dickens, B., Prince, E., Schroeder, L. W.* und *Jordan, T. H.*, Acta crystallogr. (Copenhagen), Sect. B **30,** 1470 (1974).
7. *Finch, A., Gardner, P. J., Hussain, K. S.* und *Gupta, K. K. Sen,* Chem. Commun. 872 (1968).
8. *van Wazer, J. R.*, Phosphorus and its Compounds. Vol. I, S. 267—86 (New York 1958).
9. *Ebel, J.-P.* und *Hossenlopp, F.*, Bull. Soc. chim. France 2219 (1965); ibid. 2221 (1965).
10. *Schwarzmann, E.* und *van Wazer, J. R.*, J. Inorg. Nuclear Chem. **14,** 296 (1960).
11. *Finch, A., Gardner, P. J.* und *McDermott, C. P.*, J. Chem. Thermodynamics **6,** 259 (1974).
12. *Genge, J. A. R., Nevett, B. A.* und *Salmon, J. E.*, Chem. and Ind. **1960,** 1081.
13. *Remy, H.* und *Falius, H.*, Naturwiss. **43,** 177 (1956).
14. *Remy, H.* und *Falius, H.*, Chem. Ber. **92,** 2199 (1959).
15. *Fluck, E.* und *Steck, W.*, Z. anorg. allg. Chem. **388,** 53 (1972).
16. DDR-Pat. 26 660 (11. Juni 1960), Erf.: *Heinz, D.* und *Thilo, E.*
17. *Beagly, B., Cruickshank, D. W. J., Hewitt, T. G.* und *Jost, K. H.*, Trans. Faraday Soc. **65,** 1219 (1969).
18. *Steudel, R.*, Chemie der Nichtmetalle, S. 379—381 (Berlin-New York 1974).
19. *McAloon, B. J.* und *Perkins, P. G.*, Theoret. chim. Acta (Berlin) **24,** 102 (1972).
20. *Riess, J. G.* und *van Wazer, J. R.*, Inorg. Chem. (Washington) **5,** 178 (1966).
21. *Cruickshank, D. W. J.*, Acta crystallogr. (Copenhagen) **17,** 677 (1964).
22. *Beagley, B., Cruickshank, D. W. J., Hewitt, T. G.* und *Haaland, A.*, Trans. Faraday Soc. **63,** 836 (1967).
23. *Cruickshank, D. W. J.*, Acta crystallogr. (Copenhagen) **17,** 679 (1964).
24. *Corbridge, D. E. C.*, Topics Phosphorus Chem. **3,** 57—394 (1966).
25. *Johns, I. B., Ulmer, H. E.* und *Edwards, J. W.*, J. Chem. Physics **35,** 1271 (1961).
26. *Heinz, D.*, Z. anorg. allg. Chem. **336,** 137 (1965).
27. *Jost, K. H.*, Acta crystallogr. (Copenhagen) **17,** 1593 (1964).
28. *Jost, K. H.*, Acta crystallogr. (Copenhagen) **21,** 34 (1966).

11. Oxosäuren und Oxide von As, Sb und Bi

Oxosäuren des Arsens

Die Reaktion zwischen As_2O_3 und konz. Salpetersäure führt zu einer Lösung von Arsensäure, aus der — abhängig von der Temperatur — zwei Festkörper auskristallisiert werden können: (< 30 °C) $2\,H_3AsO_4 \cdot H_2O$ und (> 100 °C) $As_2O_5 \cdot 5/3\,H_2O$. Das Arsensäurehydrat $2\,H_3AsO_4 \cdot H_2O$ ist aus AsO_4-Tetraedern aufgebaut, die durch Wasserstoffbrücken verknüpft und in gewellten Doppelschichten angeordnet sind. Diese Doppelschichten sind untereinander nur über Wasserstoffbrücken verknüpft, die über H_2O führen, das zwischen die AsO_4-Schichten eingelagert ist [1]). Es ähnelt dem Hydrat $2\,H_3PO_4 \cdot H_2O$, mit dem es Mischkristalle bildet. Bei 100 °C verliert es Wasser und wandelt sich in festes $As_2O_5 \cdot 5/3\,H_2O$ um.

$As_2O_5 \cdot 5/3\,H_2O$ ist eine hochmolekulare Verbindung $[H_5As_3O_{10}]_x$, in der AsO_4-Tetraeder und AsO_6-Oktaeder vorliegen, die über Sauerstoffbrücken zu unendlichen Bändern verknüpft sind. Die Bänder werden durch Wasserstoffbrücken zusammengehalten (Abb. 22). Vom Phosphor existiert keine analoge Verbindung [2]).

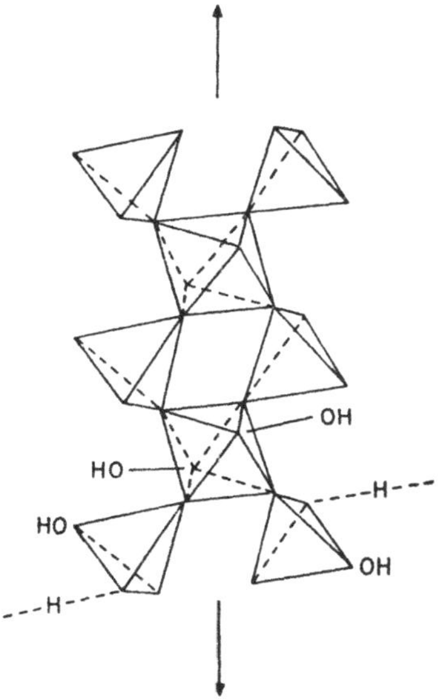

Abb. 22. Die Struktur von $H_5As_3O_{10}$, nach *Thilo, Jost* und *Worzala* [2])

Beide Festkörper liefern analytisch reines As_2O_5, wenn sie bei 350 °C bis zur Gewichtskonstanz erhitzt werden. Arsen(V)-oxid bildet Mischkristalle $(As, P)_2O_5$, welche bis zu 50 Mol-% P_2O_5 enthalten können [3]). Die Struktur von As_2O_5 ist nicht bekannt [4]). Vermutlich entspricht sie der des polymeren P_2O_5.

Arsen(III)-oxid As_2O_3

As_2O_3 entsteht beim Verbrennen von Arsen an Luft oder in Sauerstoff. Das Verbrennungsprodukt löst sich in heißem Wasser als arsenige Säure und kristallisiert beim Erkalten zum größten Teil in Form kubischer Kristalle aus.

Diese Tieftemperaturphase kristallisiert im As_2O_3(II)-Typ (Arsenolith-Typ). Es liegt ein As_4O_6-Molekülgitter vor. Auch in Nitrobenzol und in der Gasphase unterhalb 800 °C (beim Sublimieren) liegen diese dem P_4O_6 analogen Moleküle vor [5]). Bei 1800 °C besteht der Dampf aus As_2O_3-Molekülen.

Man kennt zwei weitere kristalline Formen, As_2O_3(I) (Claudetit „I") und As_2O_3(I') (Claudetit „II") neben einer glasigen [6]). In diesen Modifikationen liegen AsO_3-Pyramiden vor, die in verschiedener Weise über Sauerstoffatome zu Schichten verbunden sind.

Arsenige Säure ist nur als wäßrige Lösung von As_2O_3 bekannt.

Diarsentetroxid As_2O_4

Im System $As_2O_3 - As_2O_5 - H_2O$ tritt bei 22 °C eine feste Verbindung der Zusammensetzung $2\,As_2O_3 \cdot As_2O_5 \cdot H_2O$ auf, die wahrscheinlich die Formel $(As^{III}O)_2HAsO_4$ besitzt. Erhitzen führt über ein glasiges Produkt der ungefähren Zusammensetzung $2\,As_2O_3 \cdot As_2O_5$ zu der kristallinen Verbindung As_2O_{4-x} ($0 \leq x \leq 0{,}134$) und schließlich zu As_2O_5 [7]).

Antimon(III)-oxid

Dieses Oxid wird durch direkte Umsetzung des Metalls mit Sauerstoff gebildet. Die kubische Modifikation ist anscheinend < 570 °C die stabilere Form, die orthorhombische Modifikation ist metastabil.

Die kubische Tieftemperaturmodifikation, Sb_2O_3(II), Senarmontit, besitzt ein Molekülgitter [As_2O_3(II)-Typ, Arsenolith-Typ]. Das Oxid besteht aus Sb_4O_6-Molekülen, deren Mittelpunkte ein Diamantgitter mit der Würfelkantenlänge 11,14 Å bilden. Die Abstände der Mittelpunkte benachbarter Moleküle betragen 4,83 Å. Jedes Sb_4O_6-Molekül besteht aus einem Oktaeder von O-Atomen, das von einem Sb-Tetraeder durchsetzt wird. Der Abstand Sb – O beträgt 2,22 Å.

In der orthorhombischen Hochtemperaturmodifikation, Sb_2O_3(I), Valentinit, Antimonblüte, liegen unendliche Doppelketten des folgenden Typs vor [Sb_2O_3(I)-Typ, Valentinit-Typ] [8]):

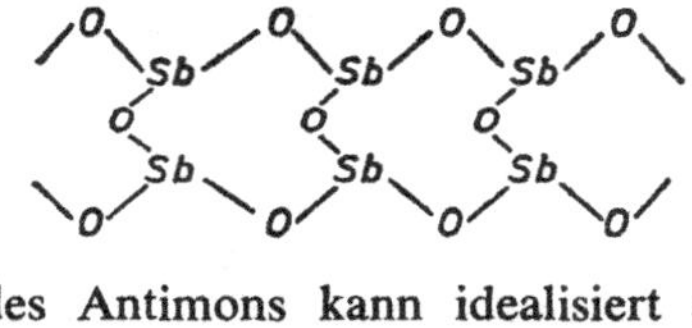

Die Koordination des Antimons kann idealisiert als ein Tetraeder beschrieben werden, mit Sauerstoff an drei Ecken in den angenähert gleichen

Abständen von 1,98, 2,02 und 2,02 Å, und das freie Elektronenpaar des Antimons an der vierten Ecke. Die Koordinationspolyeder sind über gemeinsame Ecken unter Ausbildung von Doppelketten miteinander verbunden. Das freie Elektronenpaar weist dabei von den Ketten weg.

Im Dampf liegen < 1000 °C Sb_4O_6-Moleküle mit der gleichen tetraedrischen Struktur wie bei den P- und As-Homologen vor.

Eine Antimon(III)-säure ist nicht bekannt, sondern nur das hydratisierte Oxid Sb_2O_3, aq. Die Antimonite sind jedoch wohldefinierte Salze.

Diantimontetroxid Sb_2O_4

Wenn wasserhaltiges Sb_2O_5 auf etwa 800 °C erhitzt wird, dann bildet sich nicht direkt Sb_2O_4, sondern $Sb_3O_6(OH)$, das sich erst nach längerem Erhitzen in Sb_2O_4 umwandelt. Diese Verbindung kristallisiert in einer defekten Pyrochlor-Struktur und wird formuliert als $(Sb^{III}\square)(Sb^{V})_2(O_6OH)$.

Sb_2O_4 kann in zwei strukturell unterschiedlichen, doch verwandten Formen kristallisieren. Beim Erhitzen von Sb_2O_3 an der Luft auf 700—1000 °C bildet sich α-Sb_2O_4[Sb_2O_4(II), Cervantit] und durch Erhitzen der α-Phase im O_2-Strom β-Sb_2O_4[Sb_2O_4(I)]. In beiden Modifikationen liegen zwei ganz verschiedene Umgebungen für Antimon vor. Das ^{121}Sb Mößbauer-Spektrum zeigt zwei flächengleiche, breite Absorptionsbanden mit Isomerieverschiebungen, die für Sb(III) und Sb(V) charakteristisch sind (Abb. 23) [9]):

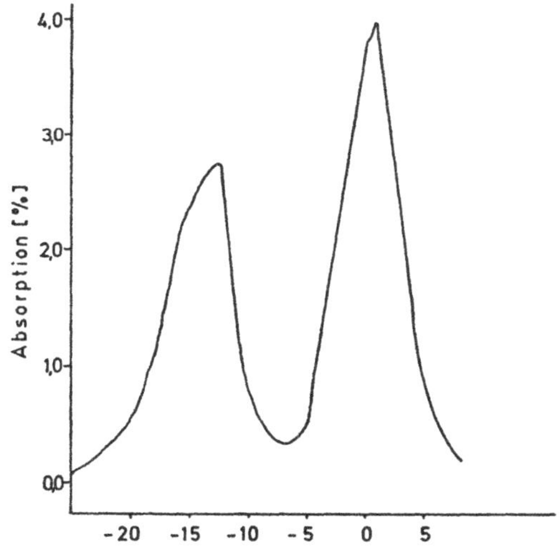

Abb. 23. ^{121}Sb Mößbauer-Spektrum von α-Sb_2O_4, nach *Long, Stevens* und *Bowen* [9])

Dies bestätigt die Ergebnisse der Röntgenstrukturanalyse. Danach haben die Sb^V-Atome sechs O-Atome als Nachbarn an den Ecken eines leicht verzerrten Oktaeders, Sb^{III}-Atome sind wie üblich nur von einer Seite umgeben. Die α- und β-Modifikationen unterscheiden sich nur durch die Packung der $Sb^{V}O_6$- und $Sb^{III}O_4$-Polyeder [10]. Die α-Form ist isostrukturell mit $Sb^{III}Nb^{V}O_4$, $Sb^{III}Ta^{V}O_4$, $Bi^{III}Nb^{V}O_4$ und $Bi^{III}Ta^{V}O_4$ [$Sb(Ta,Nb)O_4$-Typ, Stibiotantalit-Typ]. β-Sb_2O_4 hat die gleiche Struktur wie $Bi^{III}Sb^{V}O_4$.

„Antimonpentoxid"

Dieses Oxid soll sich als blaßgelbes Pulver bei der Hydrolyse von $SbCl_5$ mit verdünntem Ammoniak bilden. Es tritt immer wasserhaltig auf. Die beim Erhitzen dieser „Antimonsäure" an der Luft auftretenden Phasen wurden mit Hilfe von Hochtemperatur-Röntgenbeugungsaufnahmen und thermogravimetrischen Messungen ausgehend von Raumtemperatur bis 1000 °C untersucht. Danach existiert eine Pyrochlor-Phase mit veränderlicher Zusammensetzung mit den Extrema $H_2Sb^{V}{}_2O_5(OH)_2$ ($\triangleq Sb_2O_5 \cdot 2\,H_2O$) und $H_2Sb^{III}{}_5Sb^{V}{}_7O_{26}$ bis 820 °C [11].

Eine wäßrige Lösung von „Antimonsäure", die nach dem Durchlauf von spärlich löslichen Alkalisalzen, $MSb(OH)_6$, durch einen Ionenaustauscher in der sauren Form erhalten wird, zeigt eine für eine starke Säure charakteristische Titrationskurve [12].

Oxoverbindungen des Antimons

Es sind kristalline Verbindungen des Typs $MSb(OH)_6$ (M z. B. Na, K) bekannt. Unter keinen Bedingungen scheinen isolierte SbO_4^{3-}-Ionen aufzutreten. Einige „Antimonate", die durch Erhitzen von Oxidmischungen erhalten werden, enthalten SbO_6-Oktaeder und unterscheiden sich nur durch die Art der Verknüpfung dieser Oktaeder im Kristallgitter. Sie werden am besten als Doppeloxide angesehen: Li_3SbO_4 (NaCl-Überstruktur) [13], $KSbO_3$ (Ilmenit) [14], $MgSb_2O_6$ (Trirutil), $MnSb_2O_6$ (Columbit), $Zn_7Sb_2O_{12}$ (Spinell) [15] und $AlSbO_4$ (Rutil).

Wismut(III)-oxid Bi_2O_3

Das gewöhnliche Wismutoxid, Bi_2O_3, wird beim Verbrennen des Metalls oder beim Erhitzen von Wismutnitrat oder -carbonat erhalten. Einkristalle der stabilsten Modifikation (α-Bi_2O_3) bilden sich bei der hydrothermalen Behandlung von polykristallinem Bi_2O_3 in stark alkalischem Medium [16]. Bi_2O_3 ist polymorph [17, 18].

Die stabile Raumtemperaturphase Bi_2O_3(II) kristallisiert im Bi_2O_3(II)-Typ (α-Bi_2O_3-Typ, Bismit-Typ). Die Struktur ist aus gleich weit entfernten (1,35 Å) Schichten parallel zur yz-Ebene aufgebaut. Jede zweite Schicht besteht aus Wismutatomen, die anderen bestehen aus Sauerstoffatomen. Wismut ist fünf- oder sechsfach koordiniert. Beide Anordnungen können ausgehend von verzerrten Oktaedern beschrieben werden. Die Abstände Bi – O in den Koordinationspolyedern liegen im Bereich von 2,08 bis 2,80 Å. Die Polyeder sind durch gemeinsame Ecken und Kanten miteinander verbunden unter Ausbildung eines dreidimensionalen Netzwerks. Jedoch verlaufen Tunnels durch die Struktur hindurch parallel zur z-Achse [16]). Die > 717 °C stabile Hochtemperaturphase Bi_2O_3(I) (δ-Bi_2O_3) kristallisiert im CaF_2-Typ (Fluorit-Typ) mit Anionenlücken [17, 18]). Die Sauerstoff-Leerstellen sind statistisch verteilt; jedes Bi-Atom hat acht Nachbarn. Die metastabile γ-Phase, Bi_2O_3(III), kristallisiert im Bi_2O_3(III)-Typ (*Sillénit*-Typ). Die β-Modifikation, Bi_2O_3(IV), und zahlreiche sauerstoffreichere Formen stehen in Beziehung zur δ-Form. Das bei der thermischen Zersetzung von Wismut(III)-azetat erhaltene Bi-Metall wird < 370 °C zu einer orange-gelben Modifikation von Bi_2O_3, Bi_2O_3(VI), oxidiert, die in einem tetragonal verzerrten Mn_2O_3-Gitter kristallisiert [19]). Einige der O-reichen Formen werden durch geringe Mengen an Verunreinigungen stabilisiert [20]).

Doppeloxide entstehen beim Zusammenschmelzen von Bi_2O_3 und Oxiden von Ca, Sr, Ba, Cd oder Pb. Andere Doppeloxide haben die Zusammensetzung $M^1M_4^2Bi_6O_{18}$, wobei M^1 = Na, K, Ca, Sr, Ba, Pb und M^2 = Ti, Nb, Ta ist.

„Wismut(V)-oxid“

Vermutlich existiert auch ein Wismut(V)-oxid. Es entsteht durch Einwirkung stärkster Oxidationsmittel auf Bi_2O_3 als rotbraunes Pulver, das schon bei 100 °C rasch O_2 abgibt. Es besitzt Pyrochlorstruktur [21]) und wurde niemals in völlig reinem Zustand erhalten.

Wismutate bilden sich beim Erhitzen von Bi_2O_3 mit Alkali- oder Erdalkalioxiden im O_2-Strom [22]). $NaBiO_3$ soll wie $NaSbO_3$ eine Ilmenit-Struktur besitzen [21]). Wismutate sind starke Oxidationsmittel, besonders in saurer Lösung.

Literatur

1. *Worzala, H.*, Acta crystallogr. (Copenhagen), Sect. B **24,** 987 (1968).
2. *Thilo, E., Jost, K.-H.* und *Worzala, H.*, Angew. Chem. **76,** 714 (1964).
3. *Winkler, A.* und *Thilo, E.*, Z. anorg. allg. Chem. **339,** 71 (1965).
4. *Visser, W.*, J. Appl. Chem. **2,** 89 (1969).
5. *Brumbach, S. B.* und *Rosenblatt, G. M.*, J. Chem. Physics **56,** 3110 (1972).
6. *Becker, K. A., Plieth, K.* und *Stranski, I. N.*, Progr. Inorg. Chem. **4,** 1 (1962).
7. *d'Yvoire, F., Prades, F.* und *Guérin,* H., C. R. hebd. Séances Acad. Sci., Sér. C **268,** 1514 (1969).
8. *Svensson, C.*, Acta crystallogr. (Copenhagen), Sect. B **30,** 458 (1974).
9. *Long, G. G., Stevens, J. G.* und *Bowen, L. H.*, Inorg. nuclear Chem. Letters **5,** 799 (1969).
10. *Rogers, D.* und *Skapski, A. C.*, Proc. Chem. Soc. 400 (1964); *Skapski, A. C.* und *Rogers, D.*, Chem. Commun. 611 (1965).
11. *Trofimov, V. G., Sheinkman, A. I.* und *Kleshchev, G. V.*, J. Struct. Chem. **14,** 245 (1973).
12. *Jain, D. V. S.* und *Banerjee, A. K.*, J. Inorg. Nuclear Chem. **19,** 177 (1961).
13. *Blasse, G.*, Z. anorg. allg. Chem. **326,** 44 (1963).

14. *Blasse, G.*, J. Inorg. Nuclear Chem. **26**, 1191 (1964).
15. *Saalfeld, H.*, Acta crystallogr. (Copenhagen) **16**, 836 (1963).
16. *Malmros, G.*, Acta chem. Scand. **24**, 384 (1970).
17. *Gattow, G.* und *Schröder, H.*, Z. anorg. allg. Chem. **318**, 176 (1962); *Gattow, G.* und *Schütze, D.*, ibid. **328**, 44 (1964).
18. *Levin, E. M.* und *Roth, R. S.*, J. Res. nat. Bur. Standards, Sect. A **68**, 189 (1964).
19. *Manabe, K.*, *Mitarai, Y.* und *Kubo, T.*, Kogyo Kagaku Zasshi **71**, 1828 (1968); Chem. Abstr. **70**, 61589 r (1969).
20. *Abrahams, S. C.*, *Jamieson, P. B.* und *Bernstein, J. L.*, J. Chem. Physics **47**, 4034 (1967).
21. *Zemann, J.*, Tschermaks mineralog. petrogr. Mitt. **1**, 361 (1950).
22. *Scholder, R.*, *Ganter, K.-W.*, *Gläser, H.* und *Merz, G.*, Z. anorg. allg. Chem. **319**, 375 (1963); *Aurivillius, B.*, Acta chem. Scand. **9**, 1219 (1955).

12. Oxosäuren und Oxide der Chalkogene

Oxosäuren

Schweflige Säure $(HO)_2SO$

SO_2 ist in Wasser ziemlich gut löslich, die Löslichkeit beträgt bei 15 °C etwa 45 Vol. SO_2 in 1 Vol. H_2O. Aus der sauren Lösung läßt sich weder durch Einengen noch durch Abkühlen das hypothetische H_2SO_3 gewinnen [16]. Aufgrund von Raman-Spektren [1] enthält die Lösung hauptsächlich physikalisch gelöstes SO_2 und daneben die Ionen H_3O^+, HSO_3^- und, bei höheren Konzentrationen, $S_2O_5^{2-}$. Beim Einengen erhält man SO_2 und H_2O, beim Abkühlen kristallisiert das Gashydrat $SO_2 \cdot \approx 7\,H_2O$ aus.

Selenige Säure $(HO)_2SeO$

Die Lösung von SeO_2 in Wasser enthält hauptsächlich die kaum dissoziierte Säure H_2SeO_3, die man durch Einengen in Form farbloser Kristalle isolieren kann. H_2SeO_3 besteht im festen Zustand aus Schichten von pyramidalen SeO_3-Gruppen, die durch Wasserstoffbrücken verknüpft sind [2]. Selenige Säure ist ein mäßig starkes Oxidationsmittel. Beim Erwärmen erfolgt Zerfall in SeO_2 und H_2O.

Tellurige Säure $(HO)_2TeO$

Durch Hydrolyse von $TeCl_4$ oder durch Ansäuern von Telluritlösungen dargestellte Präparate zerfallen sehr leicht in TeO_2 und H_2O. Die Struktur dieser Säure ist nicht bekannt.

Schwefelsäure $(HO)_2SO_2$ [3, 4]

H_2SO_4 wird fast ausschließlich nach dem Kontaktverfahren hergestellt [5]. Reine Schwefelsäure ist eine farblose, ölige Flüssigkeit (Fp. 10,4 °C; Kp. 290 bis 317 °C, teilweise Zersetzung in SO_3 und H_2O), die man aus der handelsüblichen 98%igen Säure erhält durch Zugabe von SO_3 oder Oleum und anschließende Titration mit Wasser, bis die spezifische Leitfähigkeit oder der Schmelzpunkt die richtigen Werte aufweisen.

In reinem kristallinen H_2SO_4 liegen SO_4-Tetraeder mit S–O-Abständen von 1,535 Å (2×) und 1,426 (±0,015) Å (2×) vor, die über Wasserstoffbrükken verknüpft sind [6].

Die reine Säure zeigt ausgeprägte Eigenionisation, die zu einer hohen Leitfähigkeit führt [7]. Zugabe von SO_3 zu H_2SO_4 führt zu Dischwefelsäure $H_2S_2O_7$ bzw. zu höheren Polyschwefelsäuren $H_2S_nO_{3n+1}$ ($n = 3, 4$), die miteinander im Gleichgewicht stehen (rauchende Schwefelsäure, Oleum) [8].

Das Phasendiagramm des $H_2SO_4 - H_2O$-Systems ist kompliziert. Es treten eutektische Hydrate wie $H_2SO_4 \cdot H_2O$ (Fp. 8,59 °C) und $H_2SO_4 \cdot 2\,H_2O$ (Fp. 38 °C) auf. In wäßriger Lösung ist H_2SO_4 praktisch vollständig in H^+ und HSO_4^- dissoziiert. Die Dissoziationskonstante der zweiten Stufe beträgt etwa 10^{-2} mol/l. Wasserfreie Schwefelsäure wurde als Lösungsmittelsystem eingehend untersucht.

Selensäure $(HO)_2SeO_2$

Diese Säure ähnelt in ihren Eigenschaften sehr der Schwefelsäure. Man erhält sie durch Oxidation von SeO_2 mit H_2O_2 (> 30%), Brom- oder Chlorwasser und Entwässern der Lösung bei 160 °C/2 Torr. H_2SeO_4 bildet farblose, hygroskopische Kristalle (Fp. 58 °C). In kristallinem H_2SeO_4 liegen SeO_4-Tetraeder vor, die über Wasserstoffbrücken verknüpft sind [9].

Bei Temperaturen > 260 °C erfolgt Zerfall in SeO_2, H_2O und O_2. H_2SeO_4 ist eine ebenso starke Säure wie H_2SO_4, jedoch ein stärkeres Oxidationsmittel.

Orthotellursäure $Te(OH)_6$

Diese Säure unterscheidet sich in ihren Eigenschaften sehr von der Selen- und Schwefelsäure. Man erhält sie in Form farbloser Kristalle durch Oxidation von Te oder TeO_2 mit starken Oxidationsmitteln wie H_2O_2 (30%) oder $KMnO_4/HNO_3$. $Te(OH)_6$ kristallisiert aus wäßriger Lösung beim Abkühlen oder Versetzen mit Alkohol. Im Kristallgitter liegen TeO_6-Oktaeder vor, die durch Wasserstoffbrücken verknüpft sind. In der kubischen Modifikation sind die H-Atome statistisch verteilt [10]. In der stabileren monoklinen Phase besetzen die H-Atome bestimmte Positionen [11]. Beim Erhitzen auf 100—200 °C geht $Te(OH)_6$ in H_2TeO_4 über, oberhalb 220 °C in TeO_3. Orthotellursäure ist ein mäßig starkes, aber kinetisch langsam wirkendes Oxidationsmittel.

Metatellursäure $(HO)_2TeO_2$

Die Struktur der Tetraoxotellur(VI)-säure H_2TeO_4 (Metatellursäure) enthält TeO_6-Oktaeder, die über vier Ecken miteinander verbunden sind unter Ausbildung unendlicher Schichten der Zusammensetzung $[TeO_2(OH)_2]_n$.

Diese Ebenen werden durch Wasserstoffbrücken zusammengehalten. Die H_2TeO_4-Struktur steht in einer engen Beziehung zu den Strukturen von $Te(OH)_6$, Te_2O_5 und TeO_3 [12].

Verbindungen im System $TeO_3 - TeO_2 - H_2O$

Im System $TeO_3 - TeO_2 - H_2O$ konnten drei weitere kristalline Phasen, nämlich Te_2O_5, $H_2Te_2O_6$ und Te_4O_9 auf hydrothermalem Wege in Form von Einkristallen erhalten werden. Te_2O_5 enthält oktaedrisch koordinierte Tellur(VI)- und 4fach koordinierte Tellur(IV)-Atome. Die $Te(VI)O_6$-Oktaeder sind über Ecken verbunden unter Ausbildung unendlicher Schichten der Zusammensetzung $[Te(VI)O_4]_n^{2n-}$, zwischen denen $[Te(IV)O]_n^{2n+}$-Ketten verlaufen [13]. Verbindungen mit ähnlicher Struktur sind $H_2Te_2O_6$ und Te_4O_9. Die Kristallstruktur des Tellur(IV, VI)-Oxidhydroxids $H_2Te_2O_6$ enthält $Te(VI)O_6$-Oktaeder und 4fach koordinierte Te(IV)-Einheiten. Die $Te(VI)O_6$-Oktaeder sind über Ecken zu Ketten verbunden. Diese sind über –Te(IV)–O–Te(IV)–O–-Ketten zu unendlichen Blättern verknüpft. Die Blätter werden nur durch Wasserstoffbrücken und van der Waals-Kräfte zusammengehalten [14]. Die dreidimensionale Struktur von Te_2O_5 kann als eine Kondensation von $H_2Te_2O_6$-Schichten angesehen werden. Te_4O_9 kristallisiert rhomboedrisch [15].

Peroxoschwefelsäuren

H_2SO_5 und $H_2S_2O_8$ können durch Einwirkung von 100%igem H_2O_2 auf HSO_3Cl bei starker Kühlung in kristalliner, wasserfreier Form erhalten werden. Von Se und Te sind keine Peroxosäuren bekannt.

Oxide

Chalkogene können in ihren Verbindungen mit Sauerstoff wegen der großen Elektronegativitätsdifferenz zwischen O und seinen Homologen nur in positiven Oxidationsstufen auftreten. Schwefeloxide sind technisch außerordentlich wichtig.

Die wichtigsten Oxide der Chalkogene sind die Dioxide und die Trioxide, die teils monomer, teils polymer sind. Daneben sind von allen Elementen die Monoxide bekannt, die jedoch nur bei hohen Temperaturen im dynamischen Gleichgewicht mit ihren Zersetzungsprodukten (Dioxid und Chalkogen) sowie in elektrischen Entladungen nachweisbar und nicht in reiner Form isolierbar sind. Vom Schwefel sind ferner die niederen Oxide S_2O und S_8O und vom Tellur die Oxide Te_2O_5 und Te_4O_9 bekannt.

Dioxide [16]

SO_2 ist ein Gas (Fp. –75,5 °C, Kp. –10,0 °C), das in allen Aggregatzuständen aus isolierten Molekülen besteht. Diese besitzen in der Gasphase folgende Eigenschaften [17, 18]:

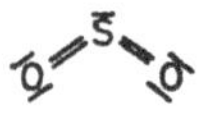

d(SO) = 1,43 Å
Winkel(OSO) = 119,5°
f(SO) = 10,0 mdyn/Å
μ = 1,62 D

SO_2 ist in Wasser ein schwaches Reduktionsmittel. Gegenüber Lewis-Säuren und -Basen verhält es sich als Ampholyt.

Flüssiges SO_2 ist ein gutes Lösungsmittel für viele organische und anorganische Verbindungen und in gewissem Sinne wasserähnlich. Man hat nur schwache Hinweise auf eine Eigenionisation des flüssigen SO_2. Die Leitfähigkeit (3×10^{-8} bis 2×10^{-7} $Ohm^{-1} \cdot cm^{-1}$) hängt im wesentlichen von der Reinheit ab [19]).

SeO_2 entsteht als farbloser Feststoff durch Entwässerung von H_2SeO_3 oder aus den Elementen. Die in H_2O, C_6H_6 und Eisessig löslichen Kristalle von SeO_2 sublimieren bei 315 °C. In der Gasphase besteht SeO_2 wie SO_2 aus isolierten Molekülen SeO_2 (Symmetrie C_{2v}, d(SeO) = 1,61 Å, Winkel 125°). Im festen Zustand liegen nicht-planare Ketten vor [20]):

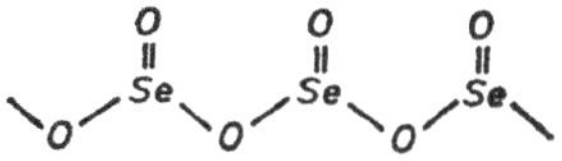

d(SeO) = 1,78 Å in der Kette
d(SeO) = 1,73 Å Seleninylgruppen.

Im festen SO_2 treten dagegen diskrete Moleküle auf.

SeO_2 löst sich in Wasser leicht zu seleniger Säure, die durch Eindampfen der Lösung im Vakuum in wasserfreiem Zustand in Form farbloser Kristalle H_2SeO_3 erhalten werden kann. Diese Kristalle verwittern an der Luft zu SeO_2. SeO_2 wird leicht zu Se reduziert, es ist ein mäßig starkes Oxidationsmittel. Der basische Charakter ist nur schwach ausgeprägt.

TeO_2 wird aus den Elementen oder durch Zersetzung des basischen Nitrats bei 400—430 °C dargestellt. Das synthetische Tellurdioxid, TeO_2(I), kristallisiert im TeO_2(I)-Typ (Paratellurit-Typ) [21]), einem dem Rutil (TiO_2) ähnlichen Ionengitter, wobei zwei verschiedene Kernabstände TeO auftreten (1,91 und 2,09 Å). Das natürlich vorkommende Dioxid, TeO_2(II), Tellurit, besitzt eine kovalente Schichtenstruktur [22]). Die Hochdruckphase, TeO_2(III), besitzt ein Kristallgitter ähnlich dem $CaCl_2$-Typ [23]). TeO_2(I) schmilzt bei 733 °C. In Wasser ist es sehr wenig löslich und zeigt amphoteres Verhalten.

PoO_2 wird aus den Elementen oder durch Erhitzen des Sulfats oder Selenats > 550 °C dargestellt. Die gelbe Tieftemperaturform, PoO_2(I), kristallisiert in einem Gitter vom CaF_2-Typ (Fluorit-Typ) und besitzt ein Sauerstoffdefizit [5, 24]). Die rote Hochtemperaturmodifikation, PoO_2(II), kristallisiert tetragonal. Bei hohen Temperaturen wird sie dunkel und sublimiert > 885 °C im O_2-Strom.

Trioxide [16])

Schwefeltrioxid entsteht bei der katalytischen Oxidation von SO_2 mit Luftsauerstoff (Kontakt-Verfahren) [5]):

$$SO_2 + \tfrac{1}{2}\,O_2 \rightleftharpoons SO_3 \qquad \Delta H_0{}^{\circ} = -95{,}7\ \mathrm{kJ/mol}.$$

Gasförmiges Schwefeltrioxid besteht aus den Molekülen SO_3 und S_3O_9, die in einem druck- und temperaturabhängigen Gleichgewicht stehen. In der Gasphase hat das freie SO_3-Molekül eine planare, trigonale Struktur (Symmetrie D_{3h}) [24]):

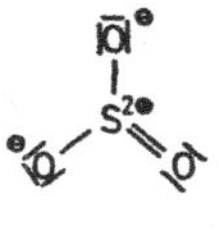

d(SO) = 1,43 Å
Winkel(OSO) = 120°
f(SO) = 10,77 mdyn/Å.

Die Kraftkonstante der S–O-Schwingung führt zu einer Bindungsordnung von 2,0 in dem sp^2-hybridisierten Molekül [17]). Gasförmiges Schwefeltrioxid kondensiert bei 44,5 °C zu einer Flüssigkeit, die überwiegend aus S_3O_9 neben SO_3 besteht [25]). Unterhalb des Schmelzpunktes von 16,9 °C erhält man farblose Kristallnadeln von rhombischem γ-SO_3. Im Kristallgitter liegen gewellte S_3O_9-Moleküle vor [26]):

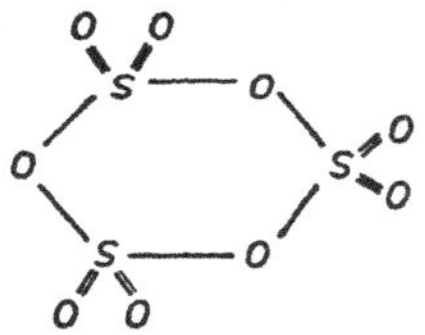

d(SO) = 1,63 Å, Winkel(OSO) = 99°, Winkel(SOS) = 121° — im Ring
d(SO) = 1,37 Å (axial), d(SO) = 1,43 Å (äquat.) — außerhalb des Ringes.

In Gegenwart von Spuren H_2O polymerisiert $S_3O_9 < 20$ °C zu monoklinem β-SO_3, das aus einem Gemisch kettenförmiger Moleküle besteht (Asbestform des SO_3) [27]). Die thermodynamisch stabile α-Modifikation von SO_3 bildet sich bei der Kondensation von gasförmigem SO_3 auf gekühlte Flächen (–80 °C). Anschließend bringt man auf 25 °C und bestrahlt mehrere Stunden lang mit Röntgenstrahlen. Im Kristallgitter liegen wie beim β-SO_3 Ketten vor. Diese Ketten sind teilweise miteinander verbunden unter Ausbildung einer Schichtstruktur [28]). Schwefeltrioxid ist ungewöhnlich reaktionsfähig. Es verhält sich dabei als Oxidationsmittel, teils als *Lewis*-Säure, selten auch als *Lewis*-Base.

Selentrioxid ist durch längeres Kochen von K_2SeO_4 mit SO_3 am Rückflußkühler erhältlich. In der Gasphase stehen Se_4O_{12}-Moleküle mit monomerem SeO_3 im Gleichgewicht [29]). Im festen Zustand bildet SeO_3 farblose, hygroskopische, tetragonale Kristalle (Fp. 118 °C), die aus Se_4O_{12}-Molekülen bestehen [30]). SeO_3 zerfällt > 160 °C in Se_2O_5 und O_2 [31]). Es ist ein noch stärkeres Oxidationsmittel als SO_3.

Tellurtrioxid TeO_3 bildet sich als schwarzes Pulver bei der Einwirkung von konzentrierter Schwefelsäure auf Orthotellursäure bei 320 °C. Es kristallisiert rhomboedrisch in einem Gitter vom VF_3-Typ [32]). Die Zersetzung des Oxids in TeO_2 und Sauerstoff beginnt in einer N_2-Atmosphäre bei 430 °C und ist bei 580 °C beendet.

Niedere Schwefeloxide [16, 33])

Dischwefeloxid, S_2O, tritt bei der Verbrennung von Schwefel als Zwischenprodukt auf. In 97%iger Reinheit erhält man es beim Überleiten von $SOCl_2$-Dampf über gepulvertes Ag_2S bei 160 °C und 0,1—0,5 Torr. Die Analyse des Mikrowellenspektrums [34]) von S_2O zeigt, daß das Molekül gewinkelt ist und eine dem SO_2 entsprechende Elektronenanordnung besitzt:

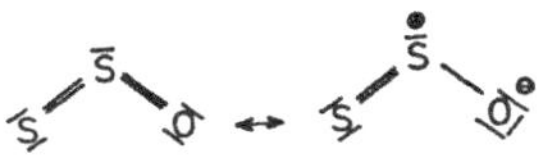

d(SO) = 1,465 Å
d(SS) = 1,884 Å
Winkel(SSO) = 118°
μ = 1,47 D.

Die S — S-Bindung ist eine reine Doppelbindung. Der Bindungsgrad der S — O-Bindung beträgt 1,80.

S_2O ist nur in der Gasphase bei Partialdrucken < 1 Torr einige Tage haltbar. Bei höheren Drucken und beim Kondensieren mit flüssigem N_2 und anschließendem Erwärmen auf 25 °C polymerisiert es in einer Radikalkettenreaktion unter teilweiser Disproportionierung zu Polyschwefeloxiden und SO_2. Die Polyschwefeloxide entsprechen dem polymeren Schwefel.

Cyclo-Oktaschwefeloxid, S_8O, bildet sich bei der Oxidation von Cyclo-Oktaschwefel mit Trifluorperessigsäure [35]). Die Struktur des S_8O-Moleküls ist wahrscheinlich die eines gewellten S_8-Ringes mit einem äquatorial oder axial gebundenen O-Atom [36]).

Literatur

1. *Simon, A.* und *Waldmann, K.*, Wiss. Z. Techn. Hochsch. Dresden **5**, H. 3 (1955—1956).
2. *Wells, A. F.* und *Bailey, M.*, J. Chem. Soc. (London), 1282 (1949).
3. *Gillespie, R. J.* und *Robinson, E. A.*, in: *T. C. Waddington*, Non-Aqueous Solvent Systems (New York 1965).
4. *Lee, W. M.*, in: *J. J. Lagowski*, The Chemistry of Non-Aqueous Solvents, Bd. II (New York 1967).
5. *Pearce, T. J. P.*, in: *G. Nickless*, Inorganic Sulphur Chemistry (Amsterdam-London-New York 1968).
6. *Pascard-Billy, C.*, Acta crystallogr. (Copenhagen) **18**, 827 (1965).
7. *Wyatt, P. A. H.*, Trans. Faraday Soc. **65**, 585 (1969).
8. *Gillespie, R. J.* und *Malhotra, K. C.*, J. Chem. Soc. (London), Sect. A, 1933 (1968).
9. *Bailey, M.* und *Wells, A. F.*, J. Chem. Soc. (London), 968 (1951).
10. *Cohen-Addad, C.*, Bull. Soc. franç. Mineralog. Cristallogr. **94**, 172 (1971).
11. *Lindquist, O.* und *Lehmann, M. S.*, Acta chem. Scand. **27**, 85 (1973).
12. *Moret, J.*, *Philippot, E.*, *Maurin, M.* und *Lindquist, O.*, Acta crystallogr. (Copenhagen), Sect. B **30**, 1813 (1974).

13. *Lindquist, O.* und *Moret, J.*, Acta chem. Scand. **26,** 829 (1972); *Lindquist, O.* und *Moret, J.*, Acta crystallogr. (Copenhagen), Sect B **29,** 643 (1973).
14. *Lindquist, O.* und *Moret, J.*, Acta crystallogr. (Copenhagen), Sect. B **29,** 956 (1973).
15. *Moret, J.* und *Lindquist, O.*, C. R. hebd. Séances Acad. Sci,. Sér. C **275,** 207 (1972).
16. *Steudel, R.*, Chemie der Nichtmetalle, S. 257—268 (Berlin-New York 1974).
17. *Moffit, W.*, Proc. Roy. Soc. (London) **200,** 409 (1950).
18. *Sirveitz, M. H.*, J. Chem. Physics **19,** 938 (1951).
19. *Cotton, F. A.* und *Wilkinson, G.*, Anorganische Chemie, 3. Auflage, S. 465. Übersetzt von *H. P. Fritz* (Weinheim/Bergstr. 1974).
20. *McCullough, J. D.*, J. Amer. Chem. Soc. **59,** 789 (1937).
21. *Lindquist, O.*, Acta chem. Scand. **22,** 977 (1968).
22. *Beyer, H.*, Z. Kristallogr., Kristallgeometr., Kristallphysik, Kristallchem. **124,** 228 (1967).
23. *Kabalkina, S. S.*, *Vereščagin, L. F.*, und *Kotilevec, A.*, Acta crystallogr. (Copenhagen) **21,** A 196 (1966).
24. *Lovejoy, R. J.*, *Colwell, J. H.* und *Halsey, G. D.*, J. chem. Physics **36,** 612 (1962).
25. *Stopperka, K.*, Z. Chem. **6,** 153 (1966).
26. *McDonald, W. S.* und *Cruickshank, D. W. J.*, Acta crystallogr. (Copenhagen) **22,** 48 (1967); *Pascard, R.* und *Pascard-Billy, C.*, Acta crystallogr. (Copenhagen) **18,** 832 (1965).
27. *Westrik, R.* und *McGillavry, C. H.*, Acta crystallogr. (Copenhagen) **7,** 764 (1954).
28. *Scott, E. S.* und *Audrieth, L. F.*, J. Chem. Educat. **31,** 174 (1954).
29. *Mijlhoff, F. C.*, Recueil Trav. chim. Pays-Bas **84,** 74 (1965).
30. *Mijlhoff, F. C.* und *Block, R.*, Recueil Trav. chim. Pays-Bas **83,** 799 (1964).
31. *Jerschkewitz, H.-G.* und *Menning, K.*, Z. anorg. allg. Chem. **319,** 82 (1962).
32. *Dumora, D.* und *Hagenmuller, P.*, C. R. hebd. Séances Acad. Sci., Sér. C **266,** 276 (1968).
33. *Schenk, P. W.* und *Steudel, R.*, Angew. Chem. **77,** 437 (1965).
34. *Meschi, D. J.* und *Myers, R. J.*, J. molecular Spectroscopy **3,** 405 (1959).
35. *Steudel, R.* und *Latte, J.*, Angew. Chem. **86,** 648 (1974).
36. *Steudel, R.* und *Rebsch, M.*, Angew. Chem. **84,** 344 (1972).

13. Oxosäuren und Oxide der Halogene [1])

Oxosäuren

Die vom Chlor, Brom und Jod bekannten Sauerstoffsäuren sind in Tab. 1 aufgeführt. Die meisten von ihnen sind nur in wäßriger Lösung oder in der Gasphase nachgewiesen worden.

HJO_2 ist nur vorübergehend existent. Die Moleküle HClO, HBrO, HJO_3, $HClO_4$, $HBrO_4$ und HJO_4 sind in der Gasphase genügend stabil, so daß sie z. B. massenspektrometrisch untersucht werden konnten. Von der Perchlorsäure sind „Hydrate“ bekannt. Jodsäure bildet eine 1 : 1-Verbindung mit Dijodpentoxid, $HJO_3 \cdot J_2O_5$.

Tab. 1. Oxosäuren der Halogene

Oxidationsstufe	Cl	Br	J
+1	$HClO$ [a, d]	$HBrO$ [a, d]	HJO [d]
+2			
+3	$HClO_2$ [d]	$HBrO_2$ (?) [d]	HJO_2 (?) [d]
+4			
+5	$HClO_3$ [d]	$HBrO_3$ [d]	HJO_3 [a, c, d]
+6			
+7	$HClO_4$ [a, b, c, d]	$HBrO_4$ [a, d]	HJO_4 [a, c], $H_7J_3O_{14}$ [c], H_5JO_6 [c, d]

[a] Bekannt in der Dampfphase
[b] Bekannt als reine Flüssigkeit
[c] Bekannt als feste Phase
[d] Bekannt in wäßriger Lösung

Die wasserfreien molekularen Säuren mit der Summenformel H_mXO_n ($X = Cl$, Br oder J) enthalten alle OH und keine X–H-Bindungen. Ähnliche Strukturen werden für die undissoziierten Säuren in Lösung angenommen. Die Nomenklatur ist wie folgt: HOCl unterchlorige Säure, HOClO chlorige Säure, $HOClO_2$ Chlorsäure, $HOClO_3$ Perchlorsäure. Die Bezeichnung der Brom- und Jod-Sauerstoff-Säuren erfolgt analog. Perjodsäure existiert als Orthosäure $(HO)_5JO$ im festen Zustand und in Lösung, obgleich die festen „Hydrate" der Perchlorsäure aus ClO_4^--Ionen und hydratisierten Protonen bestehen.

Mehrkernige Säuren, die bei anderen schwereren Nichtmetallen sehr verbreitet sind (z. B. $H_2S_2O_7$), kennt man beim Chlor und Brom nicht. Lediglich einige Di- und Tri-Perjodate sind bekannt.

Chlor-Sauerstoff-Säuren

Unterchlorige Säure HOCl entsteht bei der Reaktion von Cl_2 mit gasförmigem oder flüssigem Wasser:

$$Cl_2 + H_2O \rightleftharpoons HOCl + H^+ + Cl^-.$$

In flüssigem Wasser liegt das Gleichgewicht ganz auf der linken Seite. Relativ konzentrierte HOCl-Lösungen erhält man, wenn die Cl^--Ionen z. B. mit HgO als unlösliches $HgO \cdot HgCl_2$ abgefangen werden. Konzentrierte ($>$ 5 M) Lösungen können auch durch Reaktion von Cl_2O (entweder als Flüssigkeit oder Lösungen in CCl_4) mit Wasser bei 0 °C oder in großem Maßstab beim Einleiten von Cl_2O-Gas in Wasser hergestellt werden. Solche Lösungen enthalten große Mengen an Cl_2O, das mit HOCl im Gleichgewicht steht. In der Dampfphase liegt folgendes Gleichgewicht vor:

$$Cl_2O(g) + H_2O(g) \rightleftharpoons 2\,HOCl(g).$$

Eine Mikrowellenuntersuchung [2] erbrachte für das Molekül HOCl im Dampf die Parameter: d(HO) = 0,97 Å, d(OCl) = 1,69 Å, Winkel(HOCl) = $103 \pm 3°$. Ähnliche Werte wurden dem IR-Spektrum [3] entnommen. HOCl enthält ebenso wie Cl_2O eine infolge Elektronenpaarabstoßung etwas geschwächte Cl – O-Einfachbindung. HOCl ist in Wasser eine sehr schwache Säure. Die Lösungen sind instabil und haben stark oxidierende Wirkung. Konzentrierte HOCl-Lösungen zersetzen sich schon bei 0 °C langsam in Salzsäure und O_2.

Chlorige Säure HOClO entsteht intermediär bei der Disproportionierung von HOCl in Wasser. Von den Chlor-Sauerstoff-Säuren ist sie am wenigsten stabil und nur in wäßriger Lösung bekannt. Chlorige Säure ist eine mäßig starke Säure.

Chlorsäure $HOClO_2$ erhält man bei der Umsetzung von $Ba(ClO_3)_2$ mit Schwefelsäure. Sie kann wegen ihrer Zersetzlichkeit nur in wäßriger Lösung dargestellt werden. Verdünnte Lösungen können aber im Vakuum bei Raumtemperatur zu sirupösen Flüssigkeiten bis zu einem Gehalt an $HOClO_2$ von ca. 40% konzentriert werden. Chlorsäure ist eine starke Säure und ein sehr kräftiges Oxidationsmittel.

Perchlorsäure $HOClO_3$ [4] ist die beständigste Chlor-Sauerstoff-Säure und kann als farblose Flüssigkeit (Fp. – 101 °C; Kp. 120,5 °C) aus einem Gemisch von $KClO_4$ und H_2SO_4 im Vakuum abdestilliert werden. Durch Elektronenbeugungsmessungen an $HOClO_3$-Dampf bei 35 °C wurden die Atomabstände der Molekel $H-O_I-Cl(-O_{II})_3$ zu $d(Cl-O_{II}) = 1{,}408$ Å und $d(Cl-O_I) = 1{,}635$ Å und die Winkel $(O_I-Cl-O_{II}) = 105{,}8°$ und $(O_{II}-Cl-O_{II}) = 112{,}8°$ bestimmt [5]. Das Molekül besitzt die Symmetrie C_s. Danach liegt das H-Atom nicht in Verlängerung der $Cl-O_I$-Achse [6]. IR- und Raman-Messungen haben gezeigt, daß die wasserfreie Säure ihre Molekülstruktur in der flüssigen und festen Phase beibehält, obwohl dort O – H · · · O-Bindungen auftreten. In der freien Säure ist die OH-Gruppe über eine Einfachbindung an den pyramidalen ClO_3-Rest gebunden, in dem der Bindungsgrad etwa 1,6 beträgt [1]:

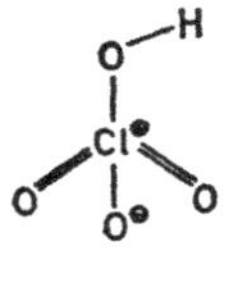

Wasserfreie Perchlorsäure ist ein extrem starkes Oxidationsmittel. Mit brennbaren Substanzen tritt Explosion ein. Auch beim Erwärmen zersetzt sie sich teilweise unter Explosion. In wäßriger Lösung ist $HOClO_3$ stabil und eine sehr starke Säure.

„Hydrate" der Perchlorsäure

Das Schmelzpunktdiagramm des Systems $Cl_2O_7 - H_2O$ zeigt die Existenz von mindestens neun intermediären Phasen [7]). Mehrere von diesen sind strukturell untersucht worden. Sie enthalten ClO_4^--Ionen und hydratisierte Protonen. Beim Monohydrat $H_3O^+ClO_4^-$ ist die Phasenumwandlung bei -30 °C mit einer Änderung der Rotation der H_3O^+-Ionen im Kristallgitter verbunden; Protonen-Spin-Relaxationszeiten für den polykristallinen Feststoff zeigen, daß < -30 °C das H_3O^+-Ion um eine dreizählige Achse rotiert und > -30 °C die Orientierung dieses Ions im wesentlichen isotrop ist [8]). Das $H_5O_2^+$-Kation in $HClO_4 \cdot 2\,H_2O$ ist zentrosymmetrisch [9]).

Brom-Sauerstoff-Säuren

Die Brom-Sauerstoff-Säuren HOBrO und $HOBrO_2$ sind nur in wäßriger Lösung, HOBr in der Dampfphase und in wäßriger Lösung bekannt. Durch Einwirkung von Fluor auf stark basische Bromatlösungen erhält man Perbromat. Durch ein recht kompliziertes Verfahren können reine Lösungen gewonnen werden [10]). $HOBrO_3$-Lösungen lassen sich bis zu 55% (6 M) ohne Zersetzung konzentrieren, sie sind selbst bei 100 °C unbegrenzt lange beständig. Konzentriertere Lösungen lassen sich bis zu 83% herstellen, sind aber instabil. Trotz dieser Zersetzung kann etwas $HBrO_4$ destilliert werden. Das Massenspektrum von $HBrO_4$ ist aufgenommen worden [11]). Bei sehr schneller Verdunstung der Perbromsäurelösung kristallisiert das Hydrat $HBrO_4 \cdot 2\,H_2O$ aus.

Jod-Sauerstoff-Säuren

Die Säure HOJ entsteht intermediär bei der Reaktion von wäßriger Jodlösung mit HgO. HOJ ist eine schwache Säure. HOJO tritt als sehr instabiles Zwischenprodukt bei der Disproportionierung von HOJ auf.

Im System $I_2O_5 - H_2O$ [12]) treten zwei Modifikationen von $HOJO_2$ (α- und β-Form) und HOJ_3O_7 auf. Jodsäure entsteht bei der Oxidation einer wäßrigen Suspension von J_2, entweder elektrolytisch oder chemisch (mit rauchender Salpetersäure). Kristallisation aus mäßig sauren Lösungen führt zu farblosen Kristallen von α-$HOJO_2$. Aus konzentrierten ($>$ 5 M) Säuren fällt HOI_3O_7 aus.

α-$HOIO_2$ und β-$HOIO_2$ kristallisieren orthorhombisch. Nach einer Röntgen- und Neutronenbeugungsanalyse liegen im Kristallgitter von α-$HOJO_2$ $HOJO_2$-Moleküle vor. HOJ_3O_7 enthält nach Röntgenbeugungsdaten [13]) $HOJO_2$- und J_2O_5-Moleküle. In diesen Kristallgittern sind die Moleküle durch $O-H\cdots O$-Bindung und eine beträchtliche $I\cdots O$-Wechselwirkung (2,5—3,0 Å) miteinander verbunden, was zu einer verzerrt oktaedrischen Umgebung um das einzige J-Atom im α-$HOJO_2$ und um 2 J-Atome im HOJ_3O_7 führt. Das dritte J-Atom im HOJ_3O_7 hat vier intermolekulare $J\cdots O$-Kontakte und besitzt deshalb eine unregelmäßige 7-Koordination.

Jodsäure ist eine mäßig starke Säure. Das Vorliegen des undissoziierten Moleküls kann in Lösung durch spektroskopische Methoden nachgewiesen werden. $HOJO_2$ ist ein starkes Oxidationsmittel. Beim Erhitzen erfolgt Entwässerung. Bei 110 °C bildet sich HOJ_3O_7. Bei weiterem Erhitzen bildet sich letztlich J_2O_5, das Anhydrid der Jodsäure.

Bei der Oxidation von J_2 oder Jodaten mit sehr starken Oxidationsmitteln wie NaOCl erhält man Perjodate. Aus der wäßrigen Lösung erhält man beim Abkühlen das Salz $Na_3H_2JO_6$, das sich von der in freier Form isolierbaren Perjodsäure, der Hexaoxojod(VII)-säure $(HO)_5JO$ ableitet, die man in Form farbloser Kristalle beim Behandeln des Bariumsalzes mit konzentrierter Salpetersäure erhält. Beim Umkristallisieren des Natriumsalzes aus verdünnter Salpetersäure entsteht $NaJO_4$. Nach einer Röntgen- und Neutronenbeugungsanalyse [14]) liegen im Kristallgitter $(HO)_5JO$-Moleküle vor. Diese Moleküle bestehen aus einem wenig verformten JO_6-Oktaeder. Fünf der O-Atome sind direkt mit H verbunden. Der J—O-Abstand zum restlichen O-Atom ist geringer im Vergleich mit dem zu den H-koordinierten O-Atomen. Die Oktaeder sind untereinander durch O—H···O-Brücken verbunden und ergeben ein Gitter mit monokliner Symmetrie.

Perjodsäure ist eine ziemlich schwache Säure. In saurer Lösung existiert sie in der undissoziierten Form $(HO)_5JO$. Beim Erhitzen auf 130 °C zersetzt sich $(HO)_5JO$ in J_2O_5, H_2O und O_2. Bei ca. 120 °C wird intermediär $(HO)_7J_3O_7$ gebildet. Beim Erhitzen im Vakuum auf 100 °C entsteht $HOJO_3$. Im Massenspektrum von $(HO)_5JO$ treten u. a. die Ionen HJO_4^+, HJO_3^+, HJO_2^+ und HJO^+ auf.

Oxide

Die von Chlor, Brom und Jod bekannten Oxide sind in Tab. 2 zusammengestellt. Sie enthalten die Halogene in positiven Oxidationsstufen, da Sauerstoff in jedem Fall das elektronegativere Element ist. Dagegen sind die

Tab. 2. Oxide der Halogene

Oxidationsstufe	Cl	Br	J
+1	Cl_2O	Br_2O	
+2			
+3	Cl_2O_3	Br_2O_3	
+4	ClO_2	Br_2O_4	
+5			J_2O_5
+6	Cl_2O_6	BrO_3	
+7	Cl_2O_7		J_2O_7 (?)

binären Fluor-Sauerstoff-Verbindungen wegen der höheren Elektronegativität des Fluors Sauerstoff-Fluoride und keine Halogenoxide.

Bei den Verbindungen $Cl(OClO_3)$ (Chlorperchlorat), $JO(JO_3)$ und $J(JO_3)_3$ handelt es sich nur formal um Halogenoxide.

Chloroxide

Die bekannten stabilen Oxide des Chlors sind Cl_2O, ClO_2, Cl_2O_6 (das als ClO_3 in der Dampfphase existiert) und Cl_2O_7. Daneben wurde noch eine fünfte Verbindung mit der empirischen Formel $ClO_{1,5}$, vermutlich Cl_2O_3, entdeckt.

Am besten untersucht ist wahrscheinlich Dichloroxid Cl_2O. Es entsteht in Form eines gelbroten Gases bei der Behandlung von frisch hergestelltem HgO mit Cl_2-Gas (verdünnt mit trockener Luft) oder mit einer Lösung von Chlor in CCl_4. Das Molekül Cl_2O ist gewinkelt und symmetrisch gebaut (Symmetrie C_{2v}) [15]:

d(OCl) = 1,70 Å
Winkel(ClOCl) = 111°.

Die ClO-Abstände und die Valenzkraftkonstante zeigen, daß der ClO-Bindungsgrad < 1 ist.

Cl_2O wird bei 2 °C flüssig. Beim Erwärmen explodiert es leicht unter Bildung von Cl_2 und O_2. Mit Wasser bildet Cl_2O eine orangegelbe Lösung, die etwas HOCl enthält.

Die Darstellung von Chlor(III)-oxid erfolgt durch UV-Photolyse von ClO_2 bei -45 °C, wobei es als dunkelbrauner kristalliner Feststoff im Gemisch mit Cl_2O_6, neben gasförmigem Cl_2 und O_2 entsteht. Bei -45 °C besitzt es einen Dampfdruck < 1 Torr. Bei -78 °C ist es beständig. Bei 0 °C erfolgt Verdampfung unter sofortiger explosionsartiger Zersetzung des Dampfes zu Cl_2 und O_2, während das beigemengte Cl_2O_6 unter diesen Bedingungen als orangefarbener Festkörper zurückbleibt. Das Molekulargewicht von Cl_2O_3 konnte nicht bestimmt werden. Nach seiner Stabilität und Flüchtigkeit im Vergleich zu den anderen Chloroxiden dürfte ihm die Struktur O_2ClClO mit einer sehr schwachen Cl—Cl-Bindung zukommen [16].

Die Darstellung von Chlordioxid ClO_2 erfolgt am besten durch Reduktion von $KClO_3$ mittels feuchter Oxalsäure bei 90 °C, da das freigesetzte CO_2 gleichzeitig das ClO_2 verdünnt. Bei der technischen Darstellung wird $NaClO_3$ in schwefelsaurer Lösung mit SO_2 reduziert. ClO_2 ist bei Raumtemperatur ein schwach-gelbes Gas. Das Molekül ClO_2 hat eine symmetrische gewinkelte Struktur [17, 18]:

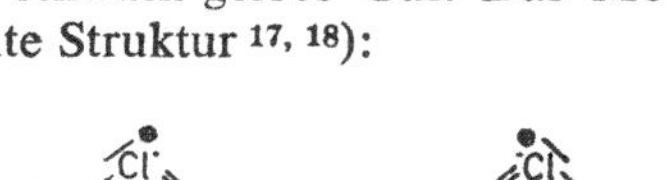

d(ClO) = 1,47 Å
Winkel(OClO) = 117,5°.

ClO_2 besitzt ein ungepaartes Elektron. Es zeigt aber keine merkliche Dimerisierungstendenz. Kernabstand und Valenzkraftkonstante zeigen einen Bindungsgrad von etwa 1,5 an, entsprechend der angegebenen Mesomerie. ClO_2 ist äußerst explosiv und zerfällt schon beim gelinden Erwärmen in die Elemente.

Dichlorhexoxid Cl_2O_6 bildet sich bei der Einwirkung von Ozon auf ClO_2 bei 0 °C in Form einer tiefroten Flüssigkeit (Fp. 3,5 °C). Es ist instabil. Seine Struktur ist unbekannt [19]).

Dichlorheptoxid Cl_2O_7 ist das beständigste Chloroxid. Es entsteht als farblose, ölige Flüssigkeit bei der vorsichtigen Entwässerung von Perchlorsäure mit P_2O_5 bei Temperaturen zwischen −70° und 0 °C. Die anschließende Vakuumdestillation muß unter Vorkehrungen gegen Explosionen durchgeführt werden. Durch Elektronenbeugung [20]) wurde die $O_3ClOClO_3$-Struktur mit einem Cl−O−Cl-Winkel von 118,6° gesichert. Cl_2O_7 detoniert beim Erhitzen oder auf Schlag. Mit Wasser reagiert es unter Rückbildung von $HClO_4$.

Bromoxide

Dibromoxid Br_2O entsteht bei der thermischen Zersetzung von Br_2O_4. Es ist bei −40 °C ein brauner Festkörper und im Vakuum sublimierbar. Es zersetzt sich > -40 °C in die Elemente. IR-Spektren von festem Br_2O machen das Vorliegen einer gewinkelten Struktur mit C_{2v}-Symmetrie sehr wahrscheinlich [21]).

Dibromtrioxid Br_2O_3 entsteht intermediär bei der thermischen Zersetzung von Br_2O_4 im Vakuum. Es ist bei —4 °C ein goldgelber Festkörper. Nach IR- und *Raman*-Spektren liegt eine Br—O—Br-Bindung vor. Es ist jedoch schwierig zwischen den Formen OBrOBrO und $BrOBrO_2$ zu unterscheiden [22]). Br_2O_3 ist wesentlich stabiler als Cl_2O_3.

Dibromtetroxid Br_2O_4 bildet sich beim Ozonieren von Br_2 in $CFCl_3$ bei −50 °C [23]). Es ist ein eigelber Feststoff, der sich unter Normaldruck bei etwa 0 °C in die Elemente zersetzt. Nach dem *Raman*-Spektrum liegt eine dimere Struktur mit einer Br−Br-Bindung vor [24]).

Bromtrioxid BrO_3 entsteht als weißer Festkörper aus Bromdampf und Sauerstoff in der Glimmentladung bei Temperaturen zwischen −10° und +20 °C. Es hat dieselben Eigenschaften wie das aus Brom und Ozon gewonnene Br_3O_8. Es ist unterhalb −70 °C beständig und zersetzt sich bei höheren Temperaturen sowohl im Vakuum als auch unter Normaldruck [25]).

Jodoxide

Dijodpentoxid J_2O_5 entsteht in Form eines farblosen kristallinen Pulvers durch Entwässern von Jodsäure bei 250 °C. Im Kristallgitter befinden sich JO_3-Pyramiden, die über ein gemeinsames O-Atom O_2JOJO_2-Einheiten bilden:

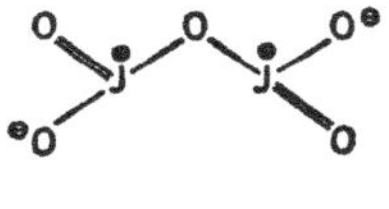

d(JO) = 1,93 Å (am Brücken-O-Atom)
d′(JO) = 1,80 Å (exoständige O-Atome)
Winkel(JOJ) = 139°.

Über intermolekulare J···O-Wechselwirkungen baut sich ein dreidimensionales Gitter auf [26]).

Die Natur der anderen Jodoxide ist weniger gesichert. Das gelbe feste J_2O_4 scheint ein aus polymeren J–O-Ketten aufgebautes Netz zu bilden, die durch JO_3-Gruppen verbunden sind[27]). Das gelbe feste J_4O_9 kann als $J(JO_3)_3$ angesehen werden, das ähnliche Vernetzungen aufweist[28]). J_2O_7 wurde als orangefarbener, polymerer Festkörper durch Einwirkung von 65%igem Oleum auf HJO_4 erhalten[29]).

Literatur

1. *Steudel, R.*, Chemie der Nichtmetalle, S. 305—313 (Berlin-New York 1974).
2. *Lindsey, D. C.*, *Lister, D. G.* und *Millen, D. J.*, Chem. Commun. **1969,** *950.*
3. *Ashby, R. A.*, J. Molecular Spectroscopy **23,** 439 (1967).
4. *Pearson, G. S.*, Adv. Inorg. Chem. Radiochem. **8,** 177 (1966). — Übersicht.
5. *Clark, A. H.*, *Beagley, B.*, *Cruickshank, D. W. J.* und *Hewitt, T. G.*, J. Chem. Soc. (London), Sect. A 1613 (1970).
6. *Giguère, P. A.* und *Savoie, R.*, Canad. J. Chem. **40,** 495 (1962); *Pavia, A. C.*, *Rozière, J.* und *Potier, J.*, C. R. hebd. Séances Acad. Sci., Sér. C **273,** 781 (1971).
7. *Mascherpa, G.*, Rev. Chim. Minérale **2,** 379 (1965).
8. *Nordman, C. E.*, Acta crystallogr. (Copenhagen) **15,** 18 (1962); *Lee, F. S.* und *Carpenter, G. B.*, J. Physic. Chem. **63,** 279 (1959).
9. *Pavia, A. C.* und *Giguère, P. A.*, J. Chem. Physics **52,** 3551 (1970); *Olovsson, I.*, J. Chem. Physics **49,** 1063 (1968).
10. *Appelman, E. H.*, Inorg. Chem. (Washington) **8,** 223 (1969).
11. *Studier, M. H.*, J. Amer. Chem. Soc. **90,** 1901 (1968).
12. *Selte, K.* und *Kjekshus, A.*, Acta chem. Scand. **22,** 3309 (1968).
13. *Feikema, Y. D.* und *Vos, A.*, Acta crystallogr. (Copenhagen) **20,** 769 (1966).
14. *Feikema, Y. D.*, Acta crystallogr. (Copenhagen) **20,** 765 (1966).
15. *Beagley, B.*, *Clark, A. H.* und *Hewitt, T. G.*, J. Chem. Soc. (London), Sect. A, 658 (1968); *Rochkind, M. M.* und *Pimentel, G. C.*, J. Chem. Physics **42,** 1361 (1965); *Gardiner, D. J.*, J. Molecular Spectroscopy **38,** 476 (1971).
16. *McHale, E. T.* und *von Elbe, G.*, J. Amer. Chem. Soc. **89,** 2795 (1967); J. Physic. Chem. **72,** 1849 (1968).
17. *Clark, A. H.* und *Beagley, B.*, J. Chem. Soc. (London), Sect. A, 46 (1970).
18. *Pascal, J.-L.*, *Pavia, A. C.* und *Potier, J.*, J. Molecular Structure (Amsterdam) **13,** 381 (1972).
19. *Pavia, A. C.*, *Pascal, J.-L.* und *Potier, A.*, C. R. hebd. Séances Acad. Sci., Sér. C **272,** 1425 (1971).
20. *Beagley, B.*, Trans. Faraday Soc. **61,** 1821 (1965); *Roziere, J.*, *Pascal, J.-L.* und *Potier, A.*, Spectrochim. Acta (Oxford), Part A **29,** 169 (1973).
21. *Campbell, C.*, *Jones, J. P. M.* und *Turner, J. J.*, Chem. Commun. **1968,** 888.
22. *Pascal, J.-L.*, *Pavia, A. C.*, *Potier, J.* und *Potier, A.*, C. R. hebd. Séances Acad. Sci., Sér. C **279,** 43 (1974).
23. *Schmeisser, M.* und *Jorger, K.*, Angew. Chem. **71,** 523 (1959).
24. *Pascal, J.-L.* und *Potier, J.*, Chem. Commun. 446 (1973).
25. *Pflugmacher, A.*, *Rabben, H.-J.* und *Dahmen, H.*, Z. anorg. allg. Chem. **279,** 313 (1955).
26. *Selte, K.* und *Kjekshus, A.*, Acta chem. Scand. **24,** 1912 (1970).
27. *Wise, J. H.* und *Hannan, H. H.*, J. Inorg. Nuclear Chem. **23,** 31 (1961).

28. *Brisdon, R. J.*, MTP International Review of Science: Inorganic Chemistry Series One, Vol 3 (ed. *V. Gutman)*, p. 215 (London 1972).
29. *Drátovský, M.* und *Pačesová, L.*, Russ. Chem. Reviews **37**, 243 (1968); *Mishra, H. C.* und *Symons, M. C. R.*, J. Chem. Soc. (London) 1194 (1962).

14. Oxide des Xenons [1]

Xenontrioxid XeO_3

XeO_3 entsteht bei der Hydrolyse von XeF_6 [2]) bzw. XeF_4 und kann durch Eindampfen aus der wäßrigen Lösung in Form farbloser, äußerst explosiver Kristalle erhalten werden.

Es bildet ein Molekülgitter (Symmetrie C_{3v}), in dem etwas verzerrte trigonalpyramidale XeO_3-Einheiten vorliegen, die offenbar über O-Atome unter Bildung schwacher koordinativer Bindungen verknüpft sind [3]).

XeO_3 ist wie XeO_4 eine stark endotherme Verbindung. Das Oxid ist hygroskopisch und besitzt stark oxidierende Eigenschaften. In Wasser löst es sich überwiegend molekular. Die Lösung reagiert aber schwach sauer. Es liegt das folgende Gleichgewicht vor: $XeO_3 + 2\,H_2O \rightleftharpoons H_3O^+ + HXeO_4^-$ [4]).

Xenontetroxid XeO_4

XeO_4 bildet sich bei der Einwirkung von konzentrierter Schwefelsäure auf Ba_2XeO_6. Es ist ein außerordentlich instabiles und explosives Gas und besteht aus Molekülen der Symmetrie T_d (mit JO_4^- isoelektronisch; d(XeO) = 1,736 Å) [5]).

Literatur

1. *Steudel, R.*, Chemie der Nichtmetalle, S. 324 und 325 (Berlin-New York 1974).
2. *Jaselskis, B., Spittler, T. M.* und *Huston, J. L.*, J. Amer. Chem. Soc. **88**, 2149 (1966).
3. *Templeton, D. H., Zalkin, A., Forrester, J. D.* und *Williamson, S. M.*, J. Amer. Chem. Soc. **85**, 817 (1963).
4. *Appelman, E. H.* und *Malm, J. G.*, J. Amer. Chem. Soc. **86**, 2141 (1964).
5. *Gundersen, G., Hedberg, K.* und *Huston, J. L.*, Acta crystallogr. (Copenhagen), Sect. A **25**, 5124 (1969); J. Chem. Physics **52**, 812 (1970).

Dritter Teil

Hydroxide, Oxidhydrate und Oxide der Nebengruppenelemente

1. Hydroxid und Oxide des Kupfers

Kupfer(II)-hydroxid $Cu(OH)_2$

Nach Röntgenpulverdaten von polykristallinem $Cu(OH)_2$ liegt ein verzerrtes γ-FeO(OH)-Gitter vor [1]). Cu^{II} ist verzerrt oktaedrisch von O-Atomen umgeben (4 OH im Abstand von 1,94 Å und 2 OH im Abstand von 2,63 Å). Der kürzeste Abstand zwischen OH^--Ionen, die an verschiedene Cu-Atome gebunden sind, beträgt 2,97 Å. IR-Spektren lassen auf das Vorliegen von zwei verschiedenen Arten von OH-Gruppen schließen: die durch Wasserstoffbindung verknüpften und die praktisch freien OH-Gruppen. Die Lagen der H-Atome sind nicht bekannt.

$Cu(OH)_2$ löst sich leicht in starken Säuren und auch in konzentrierter Alkalihydroxid-Lösung, wobei tiefblaue Anionen, wahrscheinlich des Typs $[Cu_n(OH)_{2n-2}]^{2+}$ entstehen [2]).

Die Hydroxocuprate(II) $Sr_2Cu(OH)_6$ und $Ba_2Cu(OH)_6$, die in einem perowskitähnlichen Gitter kristallisieren, besitzen nach den Ligandenfeldspektren tetragonal verzerrte CuO_6-Oktaeder mit sehr langen axialen Abständen [3]).

Kupfer(I)-oxid Cu_2O

Cu_2O läßt sich als gelbes Pulver durch kontrollierte Reduktion einer alkalischen Cu(II)-Salzlösung mit N_2H_4 oder in Form roter Kristalle durch thermische Zersetzung von CuO darstellen. Der gelbe Festkörper, welcher bei der Reaktion von CuCl mit Alkalien entsteht, ist anscheinend Cu_2O und nicht ein Kupfer(I)-hydroxid, wie früher vermutet worden ist.

Im Cu_2O (Cuprit) bilden die Sauerstoffatome ein kubisch raumzentriertes, die Kupferatome ein kubisch flächenzentriertes Gitter. Jedes O-Atom ist tetraedrisch von 4 Cu-Atomen umgeben. Jedes Cu-Atom hat im gleichen Abstand diametral gegenüberliegende O-Atome als Nachbarn.

Kupfer(I)-oxid ist diamagnetisch und schmilzt bei 1230 °C. Die grüne Färbung der Flamme kupferhaltiger Verbindungen beruht auf der Bildung des CuOH-Moleküls.

Cu_2O und K_2O reagieren beim Erhitzen miteinander unter Bildung von nahezu farblosem KCuO, das mit KAgO isotyp ist. Es liegen isolierte quadratische $[Cu_4O_4]$-Gruppen vor [4]).

Kupfer(II)-oxid CuO

Schwarzes, kristallines CuO entsteht bei der thermischen Zersetzung des Nitrats oder anderer Oxosalze.

Im CuO (Tenorit) tritt wegen der d^9-Konfiguration des Cu^{II} eine Jahn-Teller-Verzerrung auf. Cu ist planar quadratisch von 4 O-Atomen, der Sauerstoff an den Ecken eines Tetraeders von 4 Cu-Atomen umgeben. Es liegt ein verzerrtes PtS-Gitter vor [5]).

Eine planar quadratische Koordination von Cu(II) liegt anscheinend auch in $CaCu_2O_3$ und Sr_2CuO_3 vor [6]).

Oxocuprate(III)

Durch Erhitzen des entsprechenden Oxidgemisches in Sauerstoff sind die diamagnetischen Verbindungen $NaCuO_2$, $KCuO_2$ und andere Alkali- und Erdalkalicuprate darstellbar, z. B.:

$$KO_2 + CuO + O_2 \xrightarrow{400-450°C} KCuO_2 .$$

Diese Substanzen sind nur als trockene Stoffe beständig [7, 8]).

Literatur

1. *Jaggi, H.* und *Oswald, H. R.*, Acta crystallogr. (Copenhagen) **14,** 1041 (1961).
2. *Perrin, D. D.*, J. Chem. Soc. (London) 3189 (1960).
3. *Friebel, C.*, Z. Naturforschg. **29 b,** 295 (1974).
4. *Hestermann, K.* und *Hoppe, R.*, Z. anorg. allg. Chem. **360,** 113 (1968).
5. *Åsbrink, S.* und *Norrby, L.-J.*, Acta crystallogr. (Copenhagen), Sect. B **26,** 8 (1970).
6. *Teske, C. L.* und *Müller-Buschbaum, H.*, Z. anorg. allg. Chem. **370,** 134 (1969).
7. *Prokopchik, A. Y.* und *Norkus, P. K.*, Ž. neorg. Chim. **4,** 1359 (1959); Chem. Abstr. **54,** 8402 d.
8. *Scholder, R.* und *Voelskow, U.*, Z. anorg. allg. Chem. **266,** 256 (1951); *Wahl, K.* und *Klemm, W.*, Z. anorg. allg. Chem. **270,** 69 (1952); *Klemm, W.*, *Wehrmeyer, G.* und *Bade, H.*, Z. Elektrochem. **63,** 56 (1959); *Magee, Jr., J. S.* und *Wood, R. H.*, Canad. J. Chem. **43,** 1234 (1965).

2. Oxide von Ag und Au

Silber(I)-hydroxid

Im System $Ag_2O - H_2O$ stellt das Oxid unter normalen Bedingungen den allein stabilen Zustand dar. Die Existenz des Hydroxids ist zweifelhaft. Bei der Fällung eines Ag-Salzes mit Alkalihydroxid bildet sich das Oxid und nicht das Hydroxid. Versetzt man aber bei etwa -45 °C eine alkoholische

$AgNO_3$-Lösung mit alkoholischer Kalilauge, so entsteht ein weißer Niederschlag, bei dem es sich um das Hydroxid handeln könnte. Dieser Niederschlag färbt sich jedoch mit steigender Temperatur dunkel. In Lösung ist die Existenz von Silber(I)-hydroxid wahrscheinlicher. Feuchtes Ag_2O ist in der Organischen Chemie ein gebräuchliches Reagens, um Halogen durch Hydroxyl zu ersetzen. Eine Suspension von Ag_2O in Wasser ergibt eine deutlich basische Lösung, obwohl die Löslichkeit von Ag_2O nur gering (27 mg/l bei 25 °C) ist. In stark alkalischer Lösung nimmt die Löslichkeit stark zu, vermutlich auf Grund der Bildung von Hydroxo-Ionen [1]).

Silber(I)-oxid Ag_2O

Ag_2O ist das normale, stabilste Oxid von Silber. Ag_2O(I) bildet sich bei Zugabe von Alkalihydroxid zu Ag^+-Lösungen und beim Erwärmen von feinverteiltem Silber im O_2-Strom in Form eines sehr feinen dunkelbraunen Pulvers. Die Trocknung gefällter Präparate ist schwierig, da sich das Wasser bei niedrigen Temperaturen nicht vollständig entfernen läßt, bei höherer Temperatur aber bereits thermische Zersetzung des Ag_2O erfolgt. Zur Darstellung wasserfreier Präparate stöchiometrischer Zusammensetzung ist daher das Trocknen bei höherer Temperatur unter O_2-Druck erforderlich. Für die Reindarstellung ist besonders die anodische Oxidation von Silber geeignet. Einkristalle von Ag_2O bilden sich in einer O_2-Atmosphäre unter hydrothermalen Bedingungen in alkalischem Medium [2]).

Ag_2O(I) ist kubisch und kristallisiert im Cu_2O-Gittertyp (Cuprit-Typ) [3]). Hieraus entsteht bei Temperaturen $\geqq 1100$ °C und Drücken $\geqq 100$ kbar hexagonales Ag_2O(II) (CdJ_2-Typ) [4]). Die Umwandlung ist irreversibel [5]). Einkristalle von Ag_2O(II) bilden sich auf hydrothermalem Wege durch die Reaktion $Ag + AgO \rightarrow Ag_2O$ [6]).

Die thermische Zersetzung von Ag_2O und seine Reduktion mit C_2H_4, H_2 und CO ist ausführlich untersucht worden. Die O_2-Abgabe erfolgt ab 330 °C [7]). Die Enthalpieänderung ΔH° und Änderung der freien Enthalpie ΔG° für den Vorgang (25 °C): $2\,Ag\,(\text{fest}) + 1/2\,O_2\,(\text{gasförmig}) \rightarrow Ag_2O\,(\text{fest})$ betragen $\Delta H^\circ = -31$ kJ/mol und $\Delta G^\circ = -11{,}2$ kJ/mol [8]).

Silber(I, III)-oxid AgO

Zur Darstellung von AgO(II) ($= Ag^IAg^{III}O_2$) ist besonders die Oxidation von Ag^+ mit Peroxodisulfat geeignet. In alkalischer Lösung ist die anodische Bildung von AgO an Ag-Anoden möglich. Einkristalle von AgO entstehen angeblich bei der kontrollierten Elektrolyse von 2 M $AgNO_3$-Lösung [9]).

Die wahre Natur dieses Oxids konnte noch nicht vollständig geklärt werden. Ein echtes Silber(II)-oxid sollte paramagnetisch sein. Gefunden wurde eine Suszeptibilität $\chi = -0{,}16 \cdot 16^{-6}$ cm³/g (bei 14 °C) [10]). Entsprechend dem Diamagnetismus wird ein AgO-Gitter mit Ag^+ und Ag^{3+} angenommen. Der Diamagnetismus des AgO wird auch, zum mindesten bis zur Temperatur des flüssigen He, durch das Fehlen jeglicher Art von magnetischer Streuung bei Neutronenbeugungsuntersuchungen bestätigt[11]). Ag^{III}-Atome sind jeweils mit 4 O (dsp^2) koordiniert (diamagnetisch) und die Ag^{I}-Atome mit 2 O (sp). Folgende Abstände wurden ermittelt: $d(Ag^{III}-O) \cong d(Ag^{I}-O) \cong 2{,}1$ Å, $d(O-O) \cong 2{,}8$ Å $> 2{,}64$ Å, $d(Ag^{III}-Ag^{III}) = d(Ag^{I}-Ag^{I}) = 3{,}28$ Å, $d(Ag^{III}-Ag^{I}) = 3{,}39$ Å[12]).

Der Strukturvorschlag ist in Abbildung 24 dargestellt. Neutronenbeugungsmessungen haben das Vorliegen zweier kristallographisch verschiedener Arten von Ag-Atomen wie auch deren Atomlagen bestätigt[11, 13]).

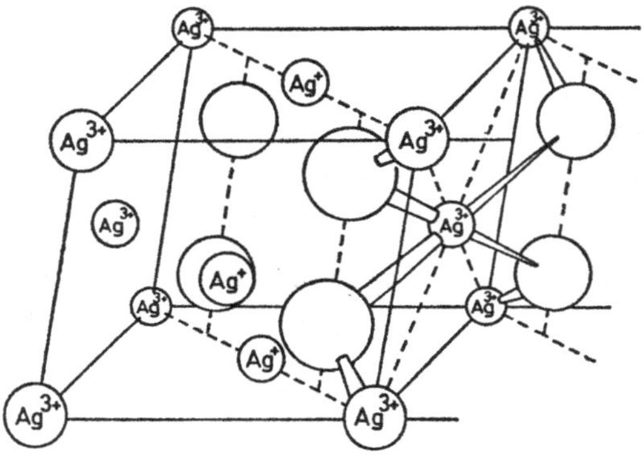

Abb. 24. Struktur von AgO, nach *McMillan*[12])

AgO ist ein Halbleiter, der bis etwa 100 °C beständig ist[14]) und sich in Säuren unter O_2-Entwicklung und Bildung von wenig gelöstem Ag^{2+} auflöst. Das Oxid ist ein starkes Oxidationsmittel.

Eine Reihe weiterer Oxide ist in der Literatur beschrieben worden: Ag_4O_3, kubisch, Zusammensetzung unsicher; AgO(I), kubisch, wobei die Beziehung zwischen AgO(I) und AgO(II) unklar ist, vielleicht liegt eine pseudokubische Beschreibung von AgO(II) vor; AgO_x, kubisch $-F, x = ?$, mit Silber in höherer Wertigkeitsstufe als 2; Ag_4O_5, kubisch, Formulierung unsicher; Ag_2O_3 vom Cu_2O-Typ (Cuprit-Typ), die Verbindung wird durch Verunreinigungen stabilisiert; $Ag(O_2)$ vom NaCl-Typ.

Oxoargentate

KAgO (farblos) und CsAgO (gelb) wurden aus den Oxidkomponenten dargestellt. Im Kristallgitter von tetragonalem KAgO liegen quadratische $[Ag_4O_4]$-Gruppen vor; längs [001] sind durchgehende Kanäle ($\phi = 2{,}5$ Å) vorhanden. CsAgO ist nach dem Debyeogramm mit KAgO isotyp[15]).

Farblose, prachtvoll glitzernde Einkristalle von Na_3AgO_2 entstehen durch Tempern von Gemengen $3\,Na_2O + Ag_2O$ [700 °C, Argon, Ag-Bömbchen]. In Analogie zu M_2HgO_2 (M = Li bis Cs) liegen isolierte Hanteln $[AgO_2]^{3-}$

vor [d(Ag – O) = 2,09 Å]. Na^+ besitzt tetraedrische Koordination [d(Na – O) = 2,43 (Na_I) bzw. 2,44 Å (Na_{II}), je 4×]. An der Luft tritt sofort Zersetzung ein [16]).

Gold(III)-oxid Au_2O_3

Von allen Metallen hat anscheinend Gold die geringste Tendenz, wasserfreie Oxide zu bilden. Bei dem Versuch, amorphes Au_2O_3, aq durch Erhitzen an der Luft zum kristallisieren zu bringen, zerfällt das Oxid, und es bildet sich metallisches Gold.

Oxidfilme auf der Oberfläche von Gold, die beim Erhitzen von Gold im O_2-Strom bei höheren Temperaturen gebildet werden, zeigen Elektronenbeugungslinien. Solche Filme müssen aber nicht unbedingt von Goldoxidschichten herrühren. Sie können auch von geringen Mengen an Verunreinigungen stammen, die während der Hitzebehandlung an die Goldoberfläche wandern [17]).

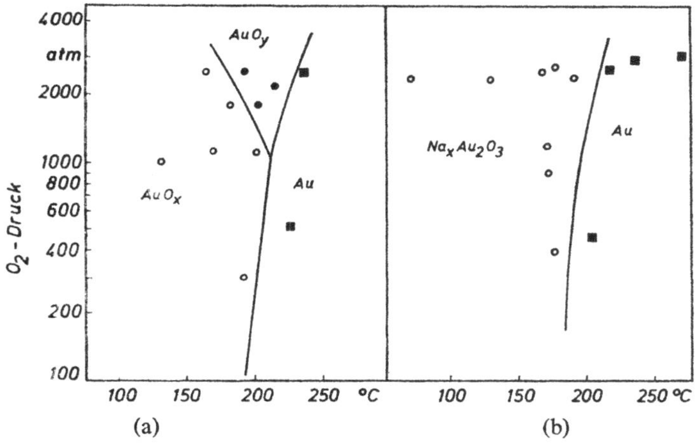

Abb. 25. a) P_{O_2}—T-Bedingungen für die Synthese von Goldoxidphasen, mit Au_2O_3, aq als Ausgangsmaterial. — b) P_{O_2}—T-Bedingungen für die Synthese von $Na_xAu_2O_3$, mit durch Na verunreinigtem Au_2O_3, aq als Ausgangsmaterial (nach *Muller, Newnham* und *Roy* [18]))

Beim Erhitzen von gereinigtem Au_2O_3, aq und von durch Na verunreinigtem Gold(III)-oxidaquat bei Temperaturen $\leq$ 300 °C und O_2-Drücken bis zu 3 kbar wurden für das gereinigte Ausgangsmaterial 2 kristalline Oxidphasen, aber nur 1 Phase für den mit Na verunreinigten Ausgangsstoff gefunden [18]). Die beiden ersten Phasen werden als AuO_x und AuO_y bezeichnet (Abb. 25 a und b). Der letzteren Phase wurde die Formel $Na_{0,5}Au_2O_3$ zugeordnet. Nach Röntgenpulveraufnahmen ist die AuO_x-Phase mit $Na_{0,5}Au_2O_3$ isostrukturell.

Einkristalle eines orthorhombischen Oxids Au_2O_3, das mit der polykristallinen AuO_y-Phase identisch ist, bilden sich bei der hydrothermalen Behandlung von amorphem Gold(III)-oxidaquat [19]) in stark $HClO_4$-haltiger Lösung [20, 21]). Das rubinrote Oxid gibt > ca. 300 °C O_2 ab und geht in Gold über. Bildungsenthalpie (gemessen an polykrist. Material) $\Delta H_f°$ $(Au_2O_3, f) = -13{,}0 \pm 2{,}4$ kJ/mol [22]).

Oxoaurate

Komplexe Oxide von Gold sind ziemlich selten. Die am besten charakterisierten von diesen sind vermutlich die Alkalimetallgoldoxide.

Durch Oxidation von CsAu wurde CsAuO als erstes Oxoaurat(I) erhalten. CsAuO sieht fahlgelb aus, ist luft- und feuchtigkeitsempfindlich und mit KAgO isotyp, weist also praktisch quadratische Anionen $[Au_4O_4]^{4-}$ im Kristallgitter auf [23]).

Die Oxoaurate(III) Na_3AuO_3, $KAuO_2$, $RbAuO_2$ und $CsAuO_2$ wurden durch Erhitzen inniger Mischungen von Alkalimetalloxid mit Goldpulver unter O_2 erhalten. Die gelben, gegen Feuchtigkeit teils kaum ($KAuO_2$), teils besonders ($CsAuO_2$) empfindlichen Verbindungen zersetzen sich bei höherer Temperatur thermisch unter Au-Bildung [24]).

Literatur

1. *Gubeli, A. O.* und *Ste-Marie, J.*, Canad. J. Chem. **45,** 827 (1967).
2. *Kreingol'd, F. I.*, Izvest. Akad. Nauk SSSR, neorgan. Mater. **5,** 1639 (1969); Inorg. Materials (USSR) **5,** 1388 (1969).
3. *Swanson, H. E., Morris, M. C., Stinchfield, R.* und *Evans, E. H.*, Monograph 25, Section 1 (Washington, D.C. 1962).
4. *Kabalkina, S. S., Popova, S. V., Serebryanaya, N. R.* und *Vereshchagin, L. F.*, Doklady Akad. Nauk SSSR **152,** 853 (1963); Soviet Phys.-Doklady (English Transl. **8,** 972 (1964)).
5. *Popova, S. V.*, Fiz. Mat. Mekh. Tr. Mosk. 1st. Konf. Molodykh Uch., Moscow 1964 (1968), S. 58/59 nach C. A. **71,** Nr. 85503 (1969).
6. *Birkenberg, R.* und *Schwarzmann, E.*, Z. Naturforschg. **29 b,** 113 (1974).
7. *Nakamori, I., Nakamura, H., Hayano, T.* und *Kagawa, S.*, Bull. Chem. Soc. Japan **47,** 1827 (1974).
8. *Wagman, D. D., Evans, W. H., Parker, V. B.* u. a., Nat. Bur. Std. (U.S.) Tech. Note 270—4, 29 (1969).
9. *Norris, L.*, Chem. Engng. News, 11. August 1969, S. 32; zitiert in: *F. A. Cotton* und *G. Wilkinson:* Anorganische Chemie, S. 116. Übersetzt von *H. P. Fritz* (Weinheim/Bergstr. 1974).
10. *Selbin, J.* und *Usategui, M.*, J. Inorg. Nuclear Chem. **20,** 91 (1961).
11. *Scatturin, V., Bellon, P. L.* und *Salkind, A. J.*, J. Electrochem. Soc. **108,** 819 (1961).
12. *McMillan, J. A.*, J. Inorg. Nuclear Chem. **13,** 28 (1960); Chem. Reviews **62,** 65 (1962).
13. *Scatturin, V., Bellon, P. L.* und *Salkind, A. J.*, Ricerca sci. **30,** 1034 (1960).
14. *Otto, E. M.*, J. Electrochem. Soc. **115,** 878 (1968).

15. *Sabrowsky, H.* und *Hoppe, R.*, Z. anorg. allg. Chem. **358,** 241 (1968).
16. *Schenk, F.* und *Hoppe, R.*, Naturwiss. **56,** 414 (1969).
17. *Clark, D., Dickinson, T.* und *Mair, W. N.*, Trans. Faraday Soc. **55,** 1937 (1959).
18. *Muller, O., Newnham, R. E.* und *Roy, R.*, J. Inorg. Nuclear Chem. **31,** 2966 (1969).
19. *Schwarzmann, E.* und *Fellwock, E.*, Z. Naturforschg. **26 b,** 1369 (1971).
20. *Schwarzmann, E.* und *Gramann, G.*, Z. Naturforschg. **25 b,** 1308 (1970).
21. *Mohn, J.*, Dissertation (Universität Göttingen 1974).
22. *Ashcroft, S. J.* und *Schwarzmann, E.*, J. Chem. Soc. (London), Faraday Trans. I **68,** 1360 (1972).
23. *Wasel-Nielen, H.-D.* und *Hoppe, R.*, Z. anorg. allg. Chem. **359,** 36 (1968).
24. *Hoppe, R.* und *Arend, K.-H.*, Z. anorg. allg. Chem. **314,** 4 (1962).

3. Hydroxide und Oxide von Zn und Cd

Zinkhydroxid $Zn(OH)_2$

Bei der Zugabe von Base zu Zink-Salzlösungen entstehen verschiedene kristalline Formen von $Zn(OH)_2$, abhängig von den genauen Konzentrationen, dem pH-Wert und der Temperatur [1, 2]: $Zn(OH)_2$(I), „α-$Zn(OH)_2$", ähnlich CdJ_2(I)-Typ (Stapelmodifikation); $Zn(OH)_2$(I'), CdJ_2(I)-Typ; $Zn(OH)_2$(II), „β-$Zn(OH)_2$", Schichtgitter; $Zn(OH)_2$(III), „γ-$Zn(OH)_2$" [3]; $Zn(OH)_2$(IV), „δ-$Zn(OH)_2$" und $Zn(OH)_2$(V), „ε-$Zn(OH)_2$", $Zn(OH)_2$(V)-Typ [4].

Die ε-Form ist die einzige Phase, welche in Kontakt mit Wasser < 39 °C stabil ist. Oberhalb dieser Temperatur ist ZnO die stabile Phase in Berührung mit Wasser, obgleich die Umwandlung außerordentlich langsam erfolgt. α-$Zn(OH)_2$ ist nicht anionenfrei erhältlich und daher wahrscheinlich ein hochbasisches Salz. Die geschätzten Umwandlungsenthalpien der $Zn(OH)_2$-Modifikationen sind klein, sie liegen im Bereich von 0,8 bis 12,6 kJ/mol [5].

Im ε-$Zn(OH)_2$ ist jedes Zn-Atom verzerrt tetraedrisch von vier O-Atomen umgeben. Jedes O-Atom gehört zu je zwei Zn-Atomen. Dazu hat das O-Atom noch zwei benachbarte O-Atome mit den relativ kurzen Abständen 2,77 und 2,86 Å. Diese vier Nachbarn bilden ein verzerrtes Tetraeder um das zentrale O-Atom. Diese Struktur läßt darauf schließen, daß die Protonen in der Nähe der kurzen O···O-Verbindungslinie liegen und Wasserstoffbrücken bilden. Die Tetraeder sind in einem Wabengitter miteinander verknüpft und bestehen aus zwei verschiedenen gewellten Fünfringen [4].

γ-$Zn(OH)_2$ besitzt eine besondere Struktur. Sie besteht aus Ringen von drei tetraedrischen $Zn(OH)_4$-Gruppen, die durch ihre restlichen Ecken zu unendlichen Säulen verbunden sind (Abb. 26). Die oberen Ecken O_I der Tetraeder eines Ringes sind gleichzeitig die unteren Ecken O_{II} des Ringes darüber. Es treten keine isolierten Tetraederecken auf. Die Säule hat daher die Zusammensetzung $Zn(OH)_2$. Jede Säule ist mit anderen Säulen nur durch Wasserstoffbrücken [$d(O-H\cdots O) = 2{,}80$ Å] verbunden [3].

$Zn(OH)_2$ löst sich leicht in überschüssiger Alkalilauge unter Bildung von Zinkationen, wahrscheinlich vom Typ $[Zn(OH)_4]^{2-}$ oder $[Zn(OH)_3(H_2O)]^-$. Bei hohen Hydroxidkonzentrationen wird in Lösung nur die erste Spezies beobachtet [6]). Feste Zinkate wie $Na[Zn(OH)_3]$ und $Na_2[Zn(OH)_4]$ lassen sich

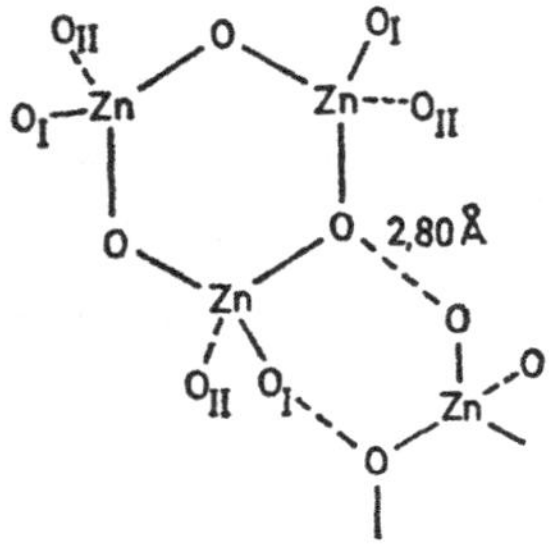

Abb. 26. Struktur von γ-$Zn(OH)_2$

aus konzentrierten Lösungen auskristallisieren. Im $Na[Zn(OH)_3]$ ist jedes Zn-Atom planar von drei O-Atomen umgeben. Sein Koordinationspolyeder wird durch zwei weiter entfernte O-Nachbarn zu einer langgestreckten trigonalen Bipyramide ergänzt. Es liegen also $[Zn(OH)_3]^-$-Komplexanionen im Gitter vor, die zusätzlich durch zwei Wasserstoffbrückenbindungen je zu zweit miteinander verknüpft sind. Natrium ist verzerrt oktaedrisch von sechs O-Teilchen umgeben [5]).

Zinkoxid ZnO

Das Oxid entsteht durch Verbrennen des Metalls an der Luft oder durch Pyrolyse des Carbonats oder Nitrats. Große Einkristalle von ultrareinem ZnO erhält man durch kontrollierte Oxidation von Zinkdampf oder Zinkdialkyl bei erhöhter Temperatur. Einkristalle können auch hydrothermal aus alkalischer Lösung gezüchtet werden [7]).

Die unter normalen Bedingungen (25 °C und 1 atm) stabile Phase ZnO(I), Zinkit, kristallisiert in einem Gitter vom ZnS(I)-Typ (Wurtzit-Typ) [8]). Oberhalb etwa 95 kbar entsteht eine viel dichtere Modifikation ZnO(II) mit NaCl-Struktur [9]). Bei 1000 °C und unter gleichzeitiger Einwirkung von Röntgenstrahlen wandelt sich ZnO in neue Modifikationen um [10]).

Zinkoxid ist normalerweise weiß, färbt sich jedoch beim Erhitzen gelb. Dies beruht auf Gitterdefekten [11]). Das Oxid sublimiert bei sehr hohen Temperaturen ohne Zersetzung.

Doppeloxide des Zinks

Die normale Methode zur Darstellung dieser Oxide besteht im Erhitzen inniger Mischungen der Oxidkomponenten auf 1000 bis 1400 °C. Viele Doppeloxide sind vom normalen oder inversen Spinell-Typ, mit Zink in

Vierer- bzw. Vierer- und Sechserkoordination. Beispiele mit einer anderen Koordination des Zinks sind nicht bekannt. In einigen Verbindungen (z. B. $Zn_2Mo_3O_8$) führt das nahe Zusammenrücken ähnlicher Metallatome zu der Annahme, daß hier Metall-Metall-Bindung ein wichtiger Faktor ist. Diese Oxide finden eine sehr weit verbreitete Anwendung auf dem Gebiet elektronischer und magnetischer Stoffe. Eine besonders wichtige Klasse von Verbindungen sind die Ferrite, das sind stark magnetische Oxide mit Eisen als eine Hauptkomponente. Eine typische Zusammensetzung ist $Ni_{1-x}Zn_xFe_2O_4 (x = 0-1)$. Im $Na_6[ZnO_4]$ liegen fast tetraedrische $[ZnO_4]$-Gruppen vor [12]. K_2ZnO_2 enthält Ketten von über Kanten verknüpften ZnO_4-Tetraedern [13]. Im $SrZnO_2$ sind Schichten von über Ecken verknüpften ZnO_4-Tetraedern vorhanden [14]. Im $BaZnO_2$ bilden die ZnO_4-Tetraeder ein quarzähnliches Netzwerk [15].

Cadmiumhydroxid $Cd(OH)_2$

Um große Kristalle von $Cd(OH)_2$ darzustellen, wird festes KOH zu einer wäßrigen Lösung von CdJ_2 gegeben. Zuerst fällt $Cd(OH)_2$ aus, das sich beim Erhitzen aber wieder löst. Beim Stehenlassen dieser Lösung und langsamem Abkühlen scheiden sich $Cd(OH)_2$-Kristalle ab.

$Cd(OH)_2(I)$, „β-$Cd(OH)_2$“, kristallisiert in einem Gitter vom $CdJ_2(I)$-Typ [16]. $Cd(OH)_2(II)$, „α-$Cd(OH)_2$“, ist eventuell identisch mit der β-Phase, $Cd(OH)_2(I)$ [17]. Durch Hydrolyse von Cadmiumalkylen läßt sich $Cd(OH)_2(III)$, „γ-$Cd(OH)_2$“, gewinnen [18]. Für γ-$Cd(OH)_2$ ist eine neue AX_2-Struktur vorgeschlagen worden, die aus oktaedrischen Koordinationsgruppen, welche über Flächen zu Doppelketten verbunden sind, besteht. Diese Doppelketten haben Ecken gemeinsam und bilden so ein dreidimensionales Netzwerk eines neuen Typs [18].

Cadmiumoxid CdO

Cadmium wird leicht zu braunem CdO oxidiert. Große Einkristalle dieses Oxids können hydrothermal gezogen werden [19]. CdO kristallisiert im NaCl-Gitter [20]. Das feste Oxid schmilzt beim Erhitzen nicht, zeigt aber einen Sublimationsdruck von 1 atm bei 1559 °C. Die Verdampfung von festem CdO ist ausführlich untersucht worden [21]. Der Rauch des Cadmiumoxids ist außerordentlich giftig. Die thermodynamischen Daten von CdO (fest) sind bestimmt worden [22]: $\Delta H_f^\circ = -258$ kJ/mol, $\Delta G_f^\circ = -228$ kJ/mol. CdO ist ein n-Halbleiter. Es variiert in seiner Farbe, je nach der thermischen Behandlung, von grüngelb über braun nach fast schwarz. Diese Farben sind das Ergebnis von Gitterdefekten.

Viele Doppeloxide des Cadmiums sind bekannt. Sie werden auf analogem Wege wie ihre Zink-Analogen dargestellt und sind oft mit diesen isostrukturell.

Literatur

1. *Giovanoli, R., Oswald, H. R.* und *Feitknecht, W.*, J. Microscop. (Paris) **4,** 711 (1965).
2. *Giovanoli, R., Oswald, H. R.* und *Feitknecht, W.*, Helv. chim. Acta **49,** 1971 (1966).
3. *Christensen, A. N.*, Acta Chem. Scand. **23,** 2016 (1969).
4. *v. Schnering, H. G.*, Z. anorg. allg. Chem. **330,** 170 (1964).
5. *v. Schnering, H. G.*, Naturwiss. **48,** 665 (1961).
6. *Fordyce, J. S.* und *Baum, R. L.*, J. Chem. Physics **43,** 843 (1965).
7. *Laudise, R. A.* und *Ballman, A. A.*, J. Physic. Chem. **64,** 688 (1960).
8. *Abrahams, S. C.* und *Bernstein, J. L.*, Acta crystallogr. (Copenhagen), Sect. B **25,** 1233 (1969).
9. *Bates, C. H., White, W. B.* und *Roy, R.*, Science (Washington) **137,** 993 (1962).
10. *Dereń, J., Nedoma, J.* und *Nowok, J.*, Z. Kristallogr., Kristallgeometr., Kristallphysik, Kristallchem. **136,** 315 (1972); *Radczewski, O. E.* und *Schicht, R. F.*, Naturwiss. **56,** 514 (1969).
11. *Coogan, C. K.* und *Rees, A. L. G.*, J. Chem. Physics **20,** 1650 (1952).
12. *Kastner, P.* und *Hoppe, R.*, Z. anorg. allg. Chem. **409,** 69 (1974).
13. *Vielhaber, E.* und *Hoppe, R.*, Z. anorg. allg. Chem. **360,** 7 (1968).
14. *v. Schnering, H. G.* und *Hoppe, R.*, Z. anorg. allg. Chem. **312,** 87 (1961).
15. *Spitsbergen, U.*, Acta crystallogr. (Copenhagen) **13,** 197 (1960); *v. Schnering, H. G., Hoppe, R.* und *Zemann, J.*, Z. anorg. allg. Chem. **305,** 241 (1960).
16. *Mitchell, R. S.*, Z. Kristallogr., Kristallgeometr., Kristallphysik, Kristallchem. **123,** 459 (1966).
17. *Walter-Lévy, L.* und *Groult, D.*, C. R. hebd. Séances Acad. Sci., Sér. C **263,** 220 (1966).
18. *Glemser, O., Hauschild, U.* und *Richert, H.*, Z. anorg. allg. Chem. **290,** 58 (1957); *de Wolff, P. M.*, Acta crystallogr. (Copenhagen) **21,** 432 (1966); Errata: ibid. **22,** 441 (1967).
19. *Laudise, R. A.*, Progr. inorg. Chem. **3,** 1 (1962).
20. *Straumanis, M. E., Vora, P. M.* und *Khan, A. A.*, Z. anorg. allg. Chem. **383,** 211 (1971).
21. *Coyle, Jr., R. T.* und *Lewis, G.*, J. Amer. Ceram. Soc. **57,** 398 (1974).
22. Nat. Bureau of Standards Technical Note No. 270—3, Selected Values of Chemical Thermodynamic Properties (Washington, D.C. 1968).

4. Oxide des Quecksilbers

Quecksilberoxid HgO

Orthorhombisches Quecksilberoxid HgO(I) entsteht in Form hellroter Kristalle beim Erhitzen einer stark alkalischen $K_2[HgJ_4]$-Lösung in einem Goldgefäß im verschlossenen Pyrexrohr 70 Stunden auf 100 bis 175 °C. Orangefarbene hexagonale Kristalle von HgO(II) werden beim Vermischen einer $K_2[HgJ_4]$-Lösung, die einen Überschuß an KJ enthält, mit einer konzentrierten NaOH-Lösung bei 50 °C erhalten [1].

Vom kristallographischen Standpunkt sind die orthorhombische und hexagonale Modifikation von HgO einander sehr ähnlich. Die übliche Form, HgO(I), kristallisiert orthorhombisch. Sie enthält unendliche ebene Zickzackketten –O–Hg–O–. Innerhalb der Ketten betragen die Hg–O-Abstände 2,03 Å und die Winkel O–Hg–O 179° und Hg–O–Hg 109° [2]. Zwischen den Ketten besteht nur eine schwache Bindung, der kürzeste Hg–O-Abstand beträgt hier 2,82 Å. Die Struktur der hexagonal kristallisierenden Form, HgO(II), ist aus unendlichen Spiralketten $(-O-Hg-)_n$ aufgebaut. Innerhalb der Ketten betragen die Abstände Hg–O 2,03 Å und die Winkel O–Hg–O 176° und Hg–O–Hg 108°. Die Struktur entspricht dem α-HgS-Typ (Zinnobertyp) [3].

Die hexagonale Modifikation ist im Vergleich zum orthorhombischen Oxid von mindestens Zimmertemperatur bis zur Zersetzungstemperatur metastabil [1]. Zwei weitere Modifikationen, HgO(III) und HgO(IV), bilden sich bei Drücken von 3 bis 4 kbar und Temperaturen von 300 bis 400 °C [4].

Beim Erhitzen dissoziiert HgO reversibel in Quecksilber und Sauerstoff, bei etwa 447 °C erreicht der Druck 1 atm.

Gemischte Oxide

Im festen Zustand kennt man gemischte Oxide. $Hg_2Sb_2O_7$, $Hg_2Nb_2O_7$ und $Hg_2Ta_2O_7$ besitzen eine Pyrochlor-Struktur [5]. $Hg_2Sb_2O_7$ wird durch Erhitzen aus den Oxiden bei 500 °C und 1 kbar O_2-Druck hergestellt. $Hg_2Nb_2O_7$ und $Hg_2Ta_2O_7$ bilden sich aus den Oxidkomponenten bei 700 °C und 3 kbar O_2-Druck [5]. Sie alle weisen lineare O–Hg–O-Gruppen auf. Isolierte „Hanteln" $[HgO_2]^{2-}$ liegen in den Oxomercuraten(II) der Alkalimetalle, M_2HgO_2, vor [6]. Im Na_2HgO_2 beträgt der Abstand Hg–O 1,96 Å (2×). Er ist deutlich kleiner als im HgO (2,03 Å). Der Abstand Hg–O in der HgO_2-Gruppe ist beim isotypen K_2HgO_2 1,93 Å. Sehr wahrscheinlich gehören auch Rb_2HgO_2 und Cs_2HgO_2 zu diesem Strukturtyp. Die Verbindungen M_2HgO_2 (M = Li, Na, K, Rb, Cs) werden durch Erhitzen inniger Mischungen $HgO + 2\,MO_x$ $(0{,}5 \leq x < 2)$ dargestellt. Sie sind farblos und extrem empfindlich gegen Feuchtigkeit.

Literatur

1. *Aurivillius, K.* und *v. Heidenstam, O.*, Acta chem. Scand. **15,** 1993 (1961).
2. *Aurivillius, K.*, Acta chem. Scand. **10,** 852 (1956).
3. *Aurivillius, K.* und *Carlsson, I.-B.*, Acta chem. Scand. **12,** 1297 (1958).
4. *Aurivillius, K.*, Ark. Kemi **24,** 151 (1965).
5. *Sleight, A. W.*, Inorg. Chem. (Washington) **7,** 1704 (1968).
6. *Hoppe, R.* und *Röhrborn, H.-J.*, Z. anorg. allg. Chem. **329,** 110 (1964).

5. Hydroxide und Oxide von Sc, Y, La und den Lanthaniden

Hydroxide

Von Sc, Y, La und den Lanthaniden existieren kristalline Hydroxide $M(OH)_3$ und Oxidhydroxide MO(OH). Die Hydroxide $M(OH)_3$ von allen Elementen kristallisieren im UCl_3-Typ [1]). Ausnahme: $Sc(OH)_3$, das eine ReO_3-Struktur hat, die so verzerrt ist, daß sie Wasserstoffbindung zwischen OH-Gruppen von verschiedenen $Sc(OH)_6$-Oktaedern zuläßt. Die Hydroxide $M(OH)_3$ besitzen ein typisches Ionengitter, in dem jedes Metallion von 9 OH^-- und jedes OH-Ion von 3 Metallionen umgeben ist. Die Lagen der D-Atome in $Y(OD)_3$ [2]) und $La(OD)_3$ [3]) sind durch Neutronenbeugung bestimmt worden. Im OD^--Ion beträgt der O–D-Abstand 0,94 Å. Es liegt keine Wasserstoffbrückenbindung vor. Abb. 27 zeigt eine Projektion der Struktur von $Y(OD)_3$.

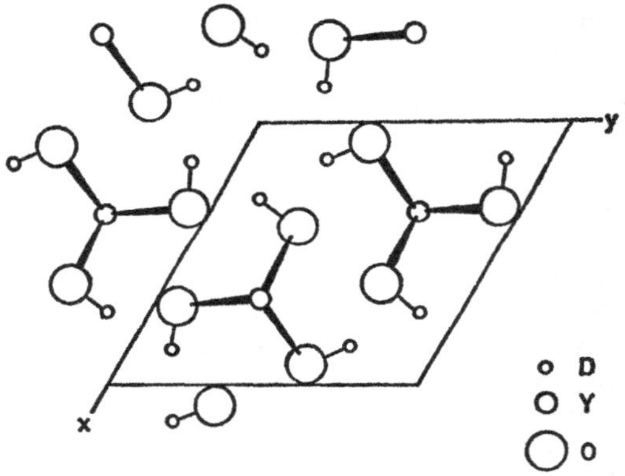

Abb. 27. Projektion der Struktur von $Y(OD)_3$ auf (001), nach *Christensen, Hazell* und *Nilsson* [2])

Vom $Y(OH)_3$ gibt es mindestens vier Modifikationen. $Ce(OH)_3$ und $Tb(OH)_3$ [4]) kristallisieren wahrscheinlich in einem Gitter vom UCl_3-Typ. Bei den Oxidhydroxiden MO(OH) von Y, La und den Lanthaniden liegen Gitter vom HoO(OH)(I)-Typ und/oder YbO(OH)(II)-Typ vor. In der HoO(OH)-Struktur ist das Metallatom von sieben O-Atomen umgeben, es liegen keine Wasserstoffbrücken vor [5]). In der YbO(OH)(II)-Struktur hat Ytterbium gegenüber Sauerstoff ebenfalls die Koordinationszahl 7, die Struktur hat aber schwache Wasserstoffbrücken [6]).

Weitere kristalline Phasen: ScO(OH)(I), AlO(OH)(I)-Typ (Diaspor-Typ); ScO(OH)(II), wahrscheinlich InO(OH)-Typ; ScO(OH)(III), AlO(OH)(III)-Typ (Böhmit-Typ); LaO(OH)(II)(?), AlO(OH)(I)-Typ (Diaspor-Typ); $Eu(OH)_2 \cdot H_2O$, $Sr(OH)_2 \cdot H_2O$-Typ.

Die Hydroxide $M(OH)_3$ und Oxidhydroxide MO(OH) können unter hydrothermalen Bedingungen synthetisiert werden [7, 8].

An Hydroxometallaten [9] sind zur Zeit bekannt: $K_2[Sc(OH)_5 \cdot H_2O] \cdot 3\,H_2O$ sowie Verbindungen des Typs $A[M(OH)_4]$ und $A_3[M(OH)_6]$ mit A = Alkalimetall. Die Darstellung dieser Verbindungen erfolgt entweder durch Reaktion der entsprechenden Hydroxide des Scandiums, Yttriums oder der Lanthanide mit konzentrierter wäßriger Alkalihydroxidlösung oder aber durch Umsetzung der wasserfreien Chloride der dreiwertigen Metalle mit den Alkalihydroxiden in absolutem Alkohol.

Oxide

Von Sc, Y, La und den Lanthaniden (Element 58 bis 71) existieren feste Oxide der Zusammensetzung M_2O_3, von Ce, Pr und Tb außerdem die Dioxide MO_2 und einige intermediäre MO_x-Phasen mit x zwischen 1,5 und 2. Für Ce ist CeO_2 das stabilste Oxid, für Pr und Tb sind es intermediäre Phasen. Von Eu existieren auch die Oxide EuO und Eu_3O_4 als stabile feste Phasen. Im Gaszustand liegen von allen Elementen Monoxide (teilweise dimer) vor [9].

Tab. 3. Übersicht über die bei den Oxiden M_2O_3 auftretenden Strukturtypen:

Bezeichnung	Prototyp
X-Typ	$LaYbO_3$(I)
H-Typ	Nd_2O_3(II)
A-Typ	La_2O_3(III)
B-Typ	Sm_2O_3(IV)
C-Typ	Mn_2O_3(I)

Kristalline Oxidphasen: Sc_2O_3, „B“- und „C“-Typ; Y_2O_3, „H“-, „A“-, „B“- und „C“-Typ; La_2O_3, „X“-, „H“-, „A“-, „B“- und „C“-Typ; Ce_2O_3, „X“-, „H“-, „A“- und „C“-Typ (wahrscheinlich $\triangleq$ (σ-)CeO_x); CeO_x (σ-Phase), „C“-Typ; $CeO_{1,714}$ (δ-Phase), Y_6UO_{12}-Typ; CeO_x ($x \approx 1{,}778$, γ-Phase), deformierter CaF_2-Typ; CeO_x (β-Phase); $CeO_{2-\Delta}$, CaF_2-Typ mit Anionenleerstellen; Pr_2O_3, „X“-, „H“-, „A“-, „B“- und „C“-Typ; PrO_x (σ_b-Phase), ähnlich „C“-Typ; $PrO_{1,714}$ (ι-PrO_x), Y_6UO_{12}-Typ; $PrO_{1,778}$ ($\triangleq \zeta$-PrO_x), deformierter CaF_2-Typ; $PrO_{1,802}$ (ε-PrO_x); $PrO_{1,818}$ (δ-PrO_x); $PrO_{1,833}$ (β-PrO_x), CaF_2-Typ mit Anionenleerstellen; $PrO_{2-\Delta}$, CaF_2-Typ mit Anionenleerstellen; Nd_2O_3, „X“-, „H“-, „A“-, „B“- und „C“-Typ; Nd_6O_{11}; NdO_2 (Zusammensetzung unsicher); Pm_2O_3, „X“-, „H“-, „A“-, „B“- und „C“-Typ; SmO_x ($0{,}40 \leq x \leq 0{,}61$), ZnS(II)-Typ (Zinkblende-Typ) [10]; Sm_2O_3, „X“-, „H“-, „A“-, „B“- und „C“-Typ; EuO, NaCl-Typ; Eu_2O_3, „X“-, „H“-, „A“-, „B“- und „C“-Typ; Eu_3O_4, CaV_2O_4-Typ; Gd_2O_3, „X“-, „H“-, „A“-, „B“- und „C“-Typ; Tb_2O_3, „X“-, „H“-, „A“-, „B“- und „C“-Typ; $TbO_{1,714}$ (ι-TbO_x), Y_6UO_{12}-Typ; $TbO_{1,5+y}$ (σ-TbO_x), „C“-Typ;

$TbO_{1,818}$ (δ-TbO_x), ähnlich CaF_2-Typ; $TbO_{1,83}$ (β-TbO_x), ähnlich CaF_2-Typ; TbO_2, CaF_2-Typ; Dy_2O_3, „X“-, „H“-, „A“-, „B“- und „C“-Typ; Ho_2O_3, „H“-, „A“-, „B“- und „C“-Typ; Er_2O_3, „H“-, „A“-, „B“- und „C“-Typ; Tm_2O_3, „H“-, „A“-, „B“- und „C“-Typ; Yb_2O_3, „H“-, „A“-, „B“- und „C“-Typ; Lu_2O_3, „B“- und „C“-Typ.

Alkalioxometallate des Sc, Y, La sowie der dreiwertigen Lanthanide besitzen die Zusammensetzung AMO_2 (A = Alkalimetall, M = Sc, Y, La bzw. Lanthanide Ln). Untersuchungen über Verbindungen, die zweiwertige Lanthanide enthalten, wurden nur am $LiEu_3O_4$ durchgeführt. Die Oxometallate des vierwertigen Ce, Pr und Tb haben im allgemeinen die Zusammensetzung A_2MO_3, bei A = Li wird auch über Verbindungen des Typs A_8LnO_6 berichtet. Die Oxometallate lassen sich z. B. durch Zusammenschmelzen der stöchiometrischen Oxidgemische herstellen [9, 11]).

Literatur

1. *Dillin, D. R., Milligan, W. O.* und *Williams, R. J.*, J. Appl. Crystallogr. (Copenhagen) **6,** 492 (1973).
2. *Christensen, A. N., Hazell, R. G.* und *Nilsson, A.*, Acta chem. Scand. **21,** 481 (1967).
3. *Atoji, M.* und *Williams, D. E.*, J. Chem. Physics **31,** 329 (1959).
4. *Lander, G. H.* und *Brun, T. O.*, Acta crystallogr. (Copenhagen), Sect. A **29,** 684 (1973).
5. *Christensen, A. N.* und *von Heidenstam, O.*, Acta chem. Scand. **20,** 2658 (1966).
6. *Christensen, A. N.* und *Hazell, R. G.*, Acta chem. Scand. **26,** 1171 (1972).
7. *Mroczkowski, S.* und *Eckert, J.*, J. Crystal Growth (Amsterdam) **13—14,** 549 (1972).
8. *Christensen, A. N.*, J. Solid State Chemistry **4,** 46 (1972).
9. *Gmelin,* Handbuch der Anorganischen Chemie, 8. Auflage, Seltenerdelemente. Teil C 1 und C 2. Sc, Y, La und Lanthanide. Verbindungen. System-Nr. 39 (Berlin-Heidelberg-New York 1974).
10. *Kumar, J.* und *Srivastava, O. N.*, Jap. J. Appl. Physics **11,** 118 (1972).
11. *Hoppe, R.*, Bull. Soc. chim. France 1115 (1965); *Spitsyn, V. I., Murav'eva, I. A., Kovba, L. M.* und *Korchak, I. I.*, Ž. neorg. Chim. **14,** 1451 (1969); Russ. J. Inorg. Chem. **14,** 759 (1969); *Hoppe, R.* und *Hoffmann, L.*, Rev. Chim. minérale **10,** 215 (1973).

6. Hydroxide und Oxide der Aktiniden

Hydroxide

$NpO_2(OH)_3 \cdot aq$ ist das einzige Hydroxid eines siebenwertigen Aktinidenelements. Während nur wenige Daten über Np(VI)- und Pu(VI)-hydroxide vorliegen, ist das System UO_3-H_2O ausführlich untersucht worden [1]). Die folgenden Verbindungen sind dargestellt worden: $UO_3 \cdot 2\,H_2O$, $UO_3 \cdot 0{,}8\,H_2O \pm 0{,}1\,H_2O[U_5O_{11}(OH)_8\ ?]$, ($\alpha$-, β-, γ-)$UO_2(OH)_2$ und $U_3O_8(OH)_2$. Die Struktur von $UO_3 \cdot 2\,H_2O$ besteht vermutlich aus $[UO_2(OH)_2]_n$-Schichten, die durch Wasserstoffbrückenbindung zu H_2O-Molekülen zusammengehalten werden. Genaue Strukturanalysen liegen von den drei Uranylhydroxiden [2, 3, 4]) und $U_3O_8(OH)_2$ [5]) vor. Die β-Form von $UO_2(OH)_2$ besteht aus Schichten von oktaedrischen $UO_2(OH)_4$-Gruppen, wobei jedes Oktaeder vier Ecken (OH) mit anderen Oktaedern gemeinsam hat. Die Uranyl-O-Atome liegen etwa senkrecht zu der Schicht. Diese Schichten sind durch H-Bindungen verknüpft, wobei die Wasserstoffbindung von einem Hydroxyl-O-Atom in einer Schicht zu dem Uranyl-O-Atom der benachbarten Schicht verläuft. Die Lagen der H-Atome sind in beiden Formen von $UO_2(OH)_2$ durch Neutronenbeugung und ^1H-Kernmagnetischer Resonanz festgelegt worden. Es liegen O—H···O-Brücken vor, der Länge 2,76 und 2,80 Å in α- bzw. β-$UO_2(OH)_2$. Im $U_3O_8(OH)_2$ ist Uran oktaedrisch und pentagonal bipyramidal von O-Atomen umgeben. Die D-Lagen in $U_3O_8(OD)_2$ sind bestimmt worden. Von den dreiwertigen Aktiniden sind die kristallinen Hydroxide $Am(OH)_3$, $Cm(OH)_3$, $Bk(OH)_3$ und $Cf(OH)_3$ bekannt.

Oxide [6])

Die binären Oxide der Aktiniden bilden eine komplexe Klasse von Verbindungen. Neben den stöchiometrischen Oxiden existieren intermediäre Oxidphasen von manchmal beachtlicher Phasenbreite. Die wichtigsten Aktinidenoxide sind die Dioxide, MO_2, welche in einem Gitter vom CaF_2-Typ kristallisieren und die bei den Elementen Th bis Cf bekannt sind. Mit Ausnahme von PaO_2, das noch nicht im Detail untersucht worden ist, verlieren die Dioxide bei hohen Temperaturen Sauerstoff und bilden nichtstöchiometrische, sauerstoffärmere Oxide, MO_{2-x}, mit Sauerstoffleerstellen im Anionenteilgitter. PaO_2 und UO_2 nehmen auch weiteren Sauerstoff auf und bilden nichtstöchiometrische, sauerstoffreichere Oxide, MO_{2+x}, sogar schon beim Stehen an Luft bei Raumtemperatur. Die meisten Aktinidenoxide treten in mehreren Modifikationen auf, z. B. sind mindestens 5 Pa_2O_5-, 7 UO_3- und 5 Cm_2O_3-Formen bekannt.

Das einzige Actiniumoxid, Ac_2O_3, kristallisiert im La_2O_3(III)-Typ („A"-Typ der SE_2O_3).

Thoriumdioxid, ThO_2, das einzige Oxid im System Th—O, existiert bis zu seinem Schmelzpunkt bei 3390 °C (der höchste für ein Oxid bekannte Schmelzpunkt) und kristallisiert im CaF_2-Gitter. Bei hohen Temperaturen und niedrigem Sauerstoffdruck verliert ThO_2 Sauerstoff und wird schwarz. ThO_2 ist bis zu ziemlich hohen Temperaturen stabil. Oberhalb 2000 °C erfolgt geringer Zerfall in ThO(g) und Sauerstoff. ThO ist nur in gasförmigem Zustand stabil. Seine Stabilität nimmt mit steigender Temperatur zu. Die Strukturen der in der Matrix isolierten Oxide ThO_2 (nichtlinear) und ThO wurden bestimmt [7]).

Vom Protactinium gibt es neben dem Dioxid, PaO_2 (CaF_2-Gitter), mindestens fünf Pa_2O_5-Modifikationen. Bei einer sehr sorgfältigen Untersuchung der Oxidation des Dioxids und der Reduktion des Pentoxids sind vier intermediäre Oxide charakterisiert worden: PaO_x(I) ($2{,}2 \lesssim x \lesssim 2{,}3$), evtl. ähnlich CaF_2-Typ; PaO_x(II) ($x = 2{,}33$; Pa_3O_7); PaO_x(III) ($2{,}40 \leqq x \leqq 2{,}42$); PaO_x(IV) ($2{,}42 \leqq x \leqq 2{,}44$). Protactiniummonoxid ist wie alle anderen Monoxide der Actiniden noch nicht in reiner Form erhalten worden.

Das U – O-System ist eines der komplexesten der bekannten Oxidsysteme. Abweichungen von der Stöchiometrie sind eher die Regel als die Ausnahme, und stöchiometrische Formeln müssen als Idealzusammensetzungen angesehen werden. So kann UO_2, das im CaF_2-Gitter kristallisiert, etwa 10% überschüssige Sauerstoffatome aufnehmen, bevor merkliche Strukturveränderungen beobachtet werden. Kristalline Oxidphasen: UO_2(I), CaF_2-Typ; UO_2(II), $T_{I,II} = T_N \approx 31$ K, CaF_2-Typ, antiferromagnetisch; UO_{2+x}, CaF_2-Typ mit O auf Zwischengitterplätzen (isotyp zu $Ca_{1-x}Y_xF_{2+x}$); $UO_{2,19}$; U_4O_9 (3 Modifikationen)[8]; $U_{16}O_{37}$; U_3O_7 (3 Modifikationen); U_8O_{19}; U_2O_5 (3 Modifikationen); $U_8O_{21\pm x}$; U_3O_8 (mindestens 7 Modifikationen); U_3O_{8+x}; $UO_{2,9}$; UO_3 (mindestens 7 Modifikationen). Uranmonoxid (die Phase ist UX mit X = C, N und O, jedoch O vorherrschend) kristallisiert im NaCl-Gitter. In α-, β-, γ- und ζ-UO_3 liegen Uranylgruppen mit O – U – O-Bindungslängen zwischen 1,7 und 1,9 Å vor. δ-UO_3 soll in einem ReO_3-Gitter kristallisieren. Während der letzten 25 Jahre hat UO_2 besondere Bedeutung als Kernbrennstoff für Atomreaktoren erlangt. Aus diesem Grunde sind auch seine physikalischen und chemischen Eigenschaften besonders gründlich untersucht worden. UO_2 ist ein feuerfester Stoff (Fp. 2865 °C). Für sauerstoffreiche Uranoxide wurden relativ hohe O_2-Drücke gefunden. Die gasförmige Spezies über stöchiometrischem UO_2 ist UO_2(g). Über flüssigen U – UO_2-Mischungen wurden im Bereich von 1600 bis 2500 K hauptsächlich UO(g) mit geringen Mengen von U(g) und UO_2(g) beobachtet. Die Flüchtigkeit von Uranoxiden nimmt in einer O_2-Atmosphäre zu, wahrscheinlich aufgrund der Bildung von UO_3(g). Uranoxidspezies sind auch in der Matrix isoliert worden[9].

Kristalline Oxide im System Np – O: NpO, NaCl-Typ, evtl. Np(O, C, N); NpO_2, CaF_2-Typ; Np_3O_8; Np_2O_5.

Wie Uran bildet auch Plutonium nichtstöchiometrische Oxide. Während jedoch UO_2 leicht Sauerstoffatome auf Zwischengitterplätzen aufnimmt unter Bildung von sauerstoffreicheren nichtstöchiometrischen Oxiden, verliert PuO_2 oberhalb 1400 °C Sauerstoff und bildet sauerstoffärmere nichtstöchiometrische Oxide, PuO_{2-x}. Bislang sind keine sauerstoffreicheren Oxide gefunden worden. Kristalline Oxidphasen im System Pu – O: PuO(?), NaCl-Typ; Pu_2O_3 („A"- und „C"-Typ der SE_2O_3); $PuO_{1,61+x}$; PuO_{2-x}, CaF_2-Typ mit Anionenleerstellen.

Kristalline Oxide im System Am – O: AmO(?), NaCl-Typ; Am_2O_3 („A"-, „B"-, „C"-Typ der SE_2O_3); AmO_2, CaF_2-Typ. Das System Am – O zeigt große Ähnlichkeit mit dem Pu – O-System.

Kristalline Oxide im System Cm – O: Cm_2O_3 (5 Modifikationen; „A"-, „B"-, „C"-, „X"- und „H"-Typ der SE_2O_3); CmO_2, CaF_2-Typ. Curiumoxid verdampft kongruent als Cm_2O_3; vermutlich bildet sich CmO(g) und O(g).

Kristalline Oxide der Transcurium-Elemente: Bk_2O_3, („A"- und „C"-Typ der SE_2O_3); BkO_2, CaF_2-Typ; Cf_2O_3 („A"-, „B"- und „C"-Typ der SE_2O_3); Es_2O_3 („C"-Typ der SE_2O_3). Während die Oxide der leichten Transuranelemente in Gramm- oder zumindest Milligramm-Mengen untersucht werden können, sind alle bis heute beschriebenen Transcurium-Elemente nur in Mikrogramm- oder Nanogramm-Mengen von den Isotopen ^{249}Bk, ^{249}Cf oder ^{253}Es dargestellt worden.

Ternäre und polynäre Oxide und Oxidphasen von den Aktiniden (Oxidationsstufe 3 bis 7) können im festen Zustand und unter hydrothermalen Bedingungen synthetisiert werden [10]).

Literatur

1. *Hoekstra, H. R.* und *Siegel, S.*, J. Inorg. Nuclear Chem. **35,** 761 (1973).
2. *Taylor, J. C.*, Acta crystallogr. (Copenhagen), Sect. B **27,** 1088 (1971).
3. *Bannister, M. J.* und *Taylor, J. C.*, Acta crystallogr. (Copenhagen), Sect B **26,** 1775 (1970); *Taylor, J. C.* und *Hurst, H. J.*, ibid. **27,** 2018 (1971).
4. *Siegel, S., Hoekstra, H. R.* und *Gebert, E.*, Acta crystallogr. (Copenhagen), Sect. B **28,** 3469 (1972).
5. *Taylor, J. C.* und *Wilson, P. W.*, Acta crystallogr. (Copenhagen), Sect B **30,** 151 (1974).
6. *Keller, C.*, Oxide der Transurane, in: *Gmelins* Handbuch der Anorganischen Chemie. Band 71. Teil C. Transurane (Weinheim/Bergstr. 1972).
7. *Gabelnick, S. D., Reedy, G. T.* und *Chasanov, M. G.*, J. Chem. Physics **60,** 1167 (1974).
8. *Masaki, N.* und *Doi, K.*, Acta crystallogr. (Copenhagen), Sect. B **28,** 785 (1972).
9. *Abramowitz, S.* und *Acquista, N.*, J. Res. Nat. Bur. Standards, Sect. A **78,** 421 (1974); J. Physic. Chem. **76,** 648 (1972).
10. *Gmelins* Handbuch der Anorganischen Chemie. Ergänzungswerk zur 8. Aufl. Band 4. Transurane. Teil C. Verbindungen (Weinheim/Bergstr. 1972).

7. Oxide des Titans

Nach *Roy* und *White* [1]) läßt sich die Züchtung von Einkristallen intermediärer Titanoxide, die wegen der einzigartigen elektrischen und magnetischen Eigenschaften dieser Materialien wichtig ist, nur schwer unter kontrollierten Bedingungen durchführen. Die Schwierigkeiten haben mehrere Ursachen: die große Anzahl von Phasen in dem Ti—O-System, ihre Defektstruktur und die Möglichkeit zu einer Unordnung der Defekte im und außerhalb des Gleichgewichts und die Abhängigkeit der O-Fugazität der koexistierenden Gleichgewichts-Dampfphase von der Temperatur. Genaue Phasengleichgewichte, einschließlich die Gleichgewichte Festkörper—Dampf, sind erforderlich und diese wurden zuerst im Detail bestimmt. Wenn diese erst einmal bekannt sind, können mehrere der bekannten Verfahren für ein Kristallwachstum zur Anwendung gelangen. Reduzierter Rutil ist seit Jahren in der Flamme gezogen worden. Voll oxidiertes TiO_2 wurde bei viel tieferen Temperaturen in einem hydrothermalen stark sauren Medium gezüchtet. Die höheren Titanoxide — Ti_2O_3, Ti_3O_5 und die Magneli-Phasen von Ti_4O_7 bis $Ti_{10}O_{29}$ — wurden aus Boratschmelzen unter genauer Kontrolle der O-Fugazität in der Ofenatmosphäre gezogen. Eine ausgedehnte Charakterisierung der Oxide zeigt einen unerforschten Bereich von möglichen geordneten Magneli-Phasen zwischen $Ti_{10}O_{19}$ und angenähert $Ti_{100}O_{199}$. Das Wachsen dieser Phasen aus Schmelzen mit äußerst genauer Temperatur- und Druckkontrolle erscheint nicht unmöglich. Die niederen Titanoxide können wegen der extrem niedrigen O-Fugazität nicht in offenen Systemen gezüchtet werden. Die Technik des Schmelzens im elektrischen Bogen [2]) ist die beste Methode zur Darstellung der Hochtemperaturmodifikation von TiO und anderer beim Schmelzpunkt stabiler Phasen. Die Tieftemperaturform von TiO bleibt ein Kristallzüchtungsproblem, wie auch die O-reichen Titanmetall-Phasen.

Ti_2O

Sauerstoff ist in α-Titan löslich bis zu der Zusammensetzung $TiO_{0,5}$. Diese Phase besitzt eine hexagonal dichteste Packung von Titan-Atomen, in der Sauerstoff-Atome statistisch verteilt auf oktaedrischen Zwischengitterplätzen sitzen [3]).

TiO

Die Titan(II)-oxid-Phase — mit NaCl-Struktur — besitzt einen sehr weiten Bereich der Zusammensetzung, der bei 1400 °C von etwa $TiO_{0,64}$ bis $TiO_{1,26}$ reicht. In der Kristallstruktur befindet sich eine wechselnde Anzahl von Ti- und O-Leerstellen. Die stöchiometrische Verbindung enthält eine hohe Konzentration an *Schottky*-Fehlstellen. 15% der Kationen- und Anionenplätze sind leer (Ionogener Leiter). Am metallreichen Ende des Phasenbereichs ist das Metallteilgitter nur zu 96% und das Sauerstoffteilgitter nur zu 66% besetzt (*n*-Halbleiter). Am sauerstoffreichen Ende sind 98% der Sauerstoffplätze, aber nur 74% der Titanlagen besetzt (*p*-Halbleiter).

Oberhalb der Gleichgewichtstemperatur von 990 °C sind die Leerstellen statistisch verteilt. Unterhalb dieser Temperatur liegt eine regelmäßige Anordnung der Leerstellen vor [4]).

Das zweiatomige Molekül TiO ist durch Verdampfen von TiO_2 bei 2500 K dargestellt und in einer Edelgasmatrix eingefangen worden. Der Wert der Dissoziationsenergie von TiO(g) beträgt 700 kJ/mol, was zeigt, daß es eines der stabilsten gasförmigen Monoxide ist [5, 6]).

Ti_2O_3

Titan(III)-oxid mit Korundstruktur besitzt einen engen Homogenitätsbereich, der von $TiO_{1,49}$ bis $TiO_{1,51}$ reicht.

Ti_3O_5

Dieses Oxid ist dimorph. Die Phasenumwandlung erfolgt bei 120 °C, sie ist reversibel. Die Hochtemperatur-Phase ist vom Anosovit-Typ (eine schwach verzerrte Pseudobrookit-Struktur). Sie kann durch einen geringen Fe-Gehalt bei Raumtemperatur stabilisiert werden. Bei der Tieftemperaturmodifikation sind die TiO_6-Oktaeder über gemeinsame Kanten und Ecken zu einem unendlichen dreidimensionalen Netzwerk miteinander verbunden [7]).

Untersuchungen der Verdampfung bei hohen Temperaturen haben gezeigt, daß Ti_3O_5 eher als irgendeine der anderen Phasen die kongruent verdampfende Phase im System Titan – Sauerstoff ist [8, 9]). Die Verdampfung erfolgt nach: $Ti_3O_5(f) = 3\,TiO(g) + 2\,O(g)$.

Ti_nO_{2n-1}

Sieben Phasen sind identifiziert worden. Sie gehören alle zu der homologen Reihe Ti_nO_{2n-1} ($n = 4 \ldots 10$) und liegen zwischen den Zusammensetzungen $TiO_{1,752}$ und $TiO_{1,902}$. In dem Maße wie n ansteigt, nähern sich ihre Strukturen dem Rutilgitter [10]).

TiO_2

Titandioxid tritt in der Natur in drei kristallinen Modifikationen auf, als Rutil, TiO_2(III), Anatas, TiO_2(II), und Brookit, TiO_2(I). Alle diese Formen können auch synthetisch dargestellt werden. Obwohl Rutil wegen seines häufigen Vorkommens als die stabilste Form angesehen wurde, deuten neuere thermochemische Untersuchungen darauf hin, daß Anatas 8 bis 12 kJ/mol stabiler als Rutil ist [11]).

Rutil kann durch Oxidation von $TiCl_4$ in der Gasphase erhalten werden. Anatas und Rutil werden aus Ilmenit $FeTiO_3$ beim Sulfat-Prozeß durch Hydrolyse von $TiOSO_4$ gewonnen. Einkristalle von Rutil können nach dem Verneuil-Verfahren in der Flamme gezogen werden. Alle drei Modifikationen können unter bestimmten Druck- und Temperaturbedingungen auf hydrothermalem Wege aus amorphem Titandioxidaquat dargestellt werden [12]). Einkristalle von Brookit bilden sich bei der Hydrothermalsynthese bei einem Zusatz von NaOH bzw. NaF als Mineralisator [12, 13]). Kristalle von Anatas können hydrothermal aus $KF - K_2HPO_4$-Lösungen gezogen werden [14]). Eine Einkristallzüchtung von Rutil und Anatas ist auch mit Hilfe der chemischen Transportreaktion $TiO_2 + 4\,HCl \rightleftharpoons TiCl_4 + 2\,H_2O$ möglich [15]).

Die Strukturen der drei TiO_2-Modifikationen unterscheiden sich durch die verschiedenartige Verknüpfung der sie zusammensetzenden mehr oder weniger verzerrten TiO_6-Koordinationsoktaeder mit $KZ_{Ti} = 6$ und $KZ_O = 3$. In bezug auf die Titan-Atome haben alle drei Gitterarten gemeinsam angenähert hochsymmetrisch zu sein, nicht aber bezüglich der Sauerstoff-Atome, worin in erster Linie der Unterschied im Aufbau bzw. die Polymorphie begründet ist. Die Verknüpfung der Oktaeder untereinander zu Ketten geschieht bei Rutil [16]) durch zwei (einander gegenüberliegend), bei Brookit [17]) durch drei, bei Anatas durch vier gemeinsame Oktaederkanten. Die Ketten hängen mit anderen parallel liegenden Ketten bei allen Modifikationen über jeweils drei Oktaedern gemeinsame Ecken zusammen. Bei hohen Drücken können alle drei Formen in ein Gitter mit α-PbO_2-Struktur umgewandelt werden. So findet die Brookit-TiO_2(α-PbO_2-Gitter)-Umwandlung bei 40 kbar und 450 °C statt [18]). Bei Experimenten mit Stoßwellen (Drücke $>$ 150 kbar) ist eine fünfte erheblich dichtere TiO_2-Modifikation — vermutlich mit einer 8 : 4 Sauerstoff-Titankoordination — beobachtet worden, die aber bei einem Nachlassen des Drucks nicht mehr gefaßt werden kann [19]). Von besonderem Interesse ist der hohe Brechungsindex von Rutil. Daher rührt auch die Bedeutung von Rutil als weißes Pigment. Stöchiometrisch zusammengesetzter Rutil ist ein Isolator und besitzt einen schwachen temperaturunabhängigen Paramagnetismus und eine sehr hohe anisotrope Dielektrizitätskonstante [20]).

Titanate [20])

Bei der Zugabe von Base zu Ti^{IV}-Lösungen fällt Titandioxidaquat (OH/H_2O-haltiges, amorphes Titandioxid) aus. Die Niederschläge lösen sich in konzentrierter Alkalilauge zu Lösungen, aus denen wasserhaltige Titanate von unbekannter Struktur erhalten werden können. Wasserfreie Titanate bilden sich beim Erhitzen des Metalloxids mit der stöchiometrischen Menge TiO_2 oberhalb 1000 °C. Mit nur einer Ausnahme (Ba_2TiO_4) enthalten die sog. Titanate keine diskreten TiO_4^{4-}-Ionen, sondern haben eine der drei folgenden Doppeloxidstrukturen:

Titanate des Typs $M^{II}TiO_3$ kristallisieren in der Ilmenit-Struktur in den Fällen, wo zwei Metallionen von vergleichbarer Größe vorliegen. Diese Struktur besteht aus einer hexagonal dichtesten Kugelpackung von O^{2-}-Ionen, in der ein Drittel der oktaedrischen Lücken mit M^{II}-Ionen (Fe^{II} im Ilmenit) und ein weiteres Drittel mit Ti^{IV}-Ionen besetzt ist. Andere Titanate mit Ilmenit-Struktur sind $MgTiO_3$, $MnTiO_3$, $CoTiO_3$ und $NiTiO_3$.

Wenn das eine Kation viel größer als das andere ist, kristallisieren ABO_3-Systeme mit der Perowskit-Struktur. In diesem Gitter bilden die Oxidionen und die größeren Kationen eine kubisch dichteste Kugelpackung. Die kleinen Kationen (in diesem Fall Ti^{4+}) besetzen ein Viertel der oktaedrischen Lücken regelmäßig. Titanate mit Perowskitstruktur sind $SrTiO_3$ und $BaTiO_3$. Eine der Modifikationen von Bariumtitanat, die im Perowskitgitter kristallisiert, beansprucht besonderes Interesse wegen ihrer ferroelektrischen und piezoelektrischen Eigenschaften.

Titanate des Typs $M^{II}_2TiO_4$ (M^{II} = Mg, Zn, Mn und Co) kristallisieren im Spinellgitter, in dem die Kationen sowohl tetraedrische als auch oktaedrische Lücken in einer kubisch dichtesten Kugelpackung von Oxidionen besetzen.

Ba_2TiO_4 ist das einzige Titanat, das im Kristallgitter diskrete TiO_4-Gruppen enthält, die in Form etwas verzerrter TiO_4-Tetraeder vorliegen (β-K_2SO_4-Typ) [21]). Natriumtitanbronzen Na_xTiO_2 ($0{,}20 < x < 0{,}25$) sind untersucht worden [22]).

Literatur

1. *Roy, R.* und *White, W. B.*, J. Crystal Growth (Amsterdam) **13/14**, 78 (1972).
2. *Reed, T. B.*, Mater. Res. Bull. **2**, 349 (1967).
3. *Jostsons, A.* und *Malin, A. S.*, Acta crystallogr. (Copenhagen), Sect. B **24**, 211 (1968).
4. *Watanabe, D.*, *Castles, J. R.*, *Jostsons, A.* und *Malin, A. S.*, Acta crystallogr. (Copenhagen) **23**, 307 (1967).
5. *Weltner, A.* und *McLeod, D.*, J. physic. Chem. **69**, 3488 (1965).
6. *Wahlbeck, P. G.* und *Gilles, P. W.*, J. Chem. Physics **46**, 2465 (1967).
7. *Åsbrink, S.* und *Magnéli, A.*, Acta crystallogr. (Copenhagen) **12**, 575 (1959).
8. *Gilles, P. W.*, *Carlson, K. D.*, *Franzen, H. F.* und *Wahlbeck, P. G.*, J. Chem. Physics **46**, 2461 (1967).
9. *Wahlbeck, P. G.* und *Gilles, P. W.*, J. chem. Physics **46**, 2465 (1967).
10. *Andersson, S.*, *Collén, B.*, *Kuylenstierna, U.* und *Magnéli, A.*, Acta chem. Scand. **11**, 1641 (1957); *Andersson, S.* und *Jahnberg, L.*, Arkiv Kemi **21**, 413 (1963).
11. *Cotton, F. A.* und *Wilkinson, G.*, Anorganische Chemie, 3. Aufl., S. 862. Übersetzt von *H. P. Fritz* (Weinheim/Bergstr. 1974).
12. *Schwarzmann, E.* und *Ognibeni, K.-H.*, Z. Naturforschg. **29 b**, 435 (1974).
13. *Keesmann, I.*, Z. anorg. allg. Chem. **346**, 30 (1966).
14. *Izumi, F.* und *Fujiki, Y.*, Chem. Letters 77 (1975).
15. *Wäsch, E.*, Kristall u. Technik **7**, 187 (1972).
16. *Baur, W. H.*, Acta crystallogr. (Copenhagen) **9**, 515 (1956).
17. *Weyl, R.*, Z. Kristallogr., Kristallgeometr., Kristallphysik, Kristallchem. **111**, 401 (1959).
18. *Simons, P. Y.* und *Dachille, F.*, Acta crystallogr. (Copenhagen) **23**, 334 (1967).
19. *Linde, R. K.* und *De Carli, P. S.*, J. Chem. Physics **50**, 319 (1969).
20. *Clark, R. J. H.*, The Chemistry of Titanium and Vanadium (Amsterdam-London-New York 1968).
21. *Bland, J. A.*, Acta crystallogr. (Copenhagen) **14**, 875 (1961).
22. *Reid, A. F.* und *Sienko, M. J.*, Inorg. Chem. (Washington) **6**, 321 (1967).

8. Oxide von Zr und Hf

Das wichtigste Oxid von Zirkonium und Hafnium ist das Dioxid. Das instabile Monoxid MO ist nur im gasförmigen Zustand bekannt. Es existieren ferner niedere Oxide.

Niedere Oxide

In α-Zirkonium ist Sauerstoff bis zu einer Zusammensetzung $ZrO_{0.29}$ löslich. Zr_6O und Zr_3O sollen als geordnete Strukturen auftreten [1, 2]. Sie besitzen Halbleitereigenschaften. Das Phasendiagramm für das System Zirkonium-Sauerstoff [3] und Hafnium-Sauerstoff [4] ist bestimmt worden.

Die thermodynamischen Eigenschaften von ZrO(g) und HfO(g) sind durch massenspektrometrische Untersuchungen bestimmt worden [5]. Im Temperaturbereich von 2000 bis 2800 K beträgt die freie Bildungsenergie ΔG_f°

(ZrO, g) = 54559 – 67,11 T, $\Delta G_f°$ (HfO, g) = 41547 – 61,42 T (geschätzte Genauigkeit ± 4 kJ/mol); Bildungsenthalpie $\Delta H_0°$ (ZrO, g) = 89,5, $\Delta H_0°$ (HfO, g) = 77,4 kJ/mol; Dissoziationsenergie D_0(ZrO) = 756, D_0(HfO) = 790, 4 kJ/mol.

ZrO_2 und HfO_2

Bei der Zugabe von Base zu Zirkonium(IV)-lösungen fällt weißes, gallertartiges $ZrO_2 \cdot x\,H_2O$ aus, dessen Wassergehalt wechselt; es existiert kein echtes Hydroxid [6]. Bei starkem Erhitzen dieses Oxidaquats erhält man das harte, weiße und unlösliche ZrO_2. HfO_2 kann auf analogem Wege gewonnen werden.

Die Dioxide treten in drei polymorphen Modifikationen auf [7]. Die Umwandlungstemperaturen sind nicht genau bekannt. ZrO_2 ist in seiner monoklinen Form (Baddeleyit) isomorph mit einer Form des HfO_2 und hat eine Struktur, in der die Metallatome siebenfach koordiniert sind [8] (Abb. 28). Die Struktur kann als verzerrte kubische CaF_2(Fluorit)-Struktur angesehen werden. Die strukturellen Beziehungen zwischen den polymorphen Formen des ZrO_2 sind diskutiert worden [8].

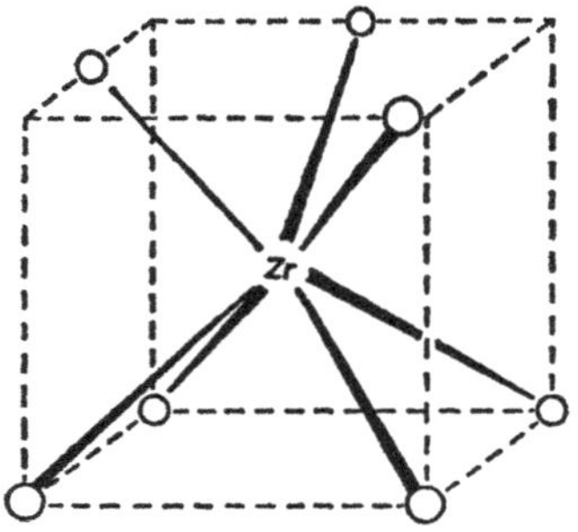

Abb. 28. Koordination im Baddeleyit ZrO_2

Zirkonate

Diese Verbindungen werden durch Erhitzen von Mischungen aus Oxiden, Hydroxiden und Oxosalzen anderer Metalle mit ähnlichen Zirkoniumverbindungen auf 1000 bis 2500 °C hergestellt. Wie bei ihren Titanhomologen handelt es sich bei ihnen um Doppeloxide. Diskrete Zirkonationen sind unbekannt. Die Zirkonate zweiwertiger Metalle sind gewöhnlich vom Perowskit-Typ (z. B. $CaZrO_3$). Die Zusammensetzung und die Struktur der Zirkonate dreiwertiger Metalle hängt vom Radius des dreiwertigen Ions ab. Bei größeren Ionen (M^{III} = La, Ce, Nd, Sm, Gd) werden Verbindungen der Zusammensetzung $M_2^{III}Zr_2O_7$ mit einem Pyrochlorgitter gebildet [9]. Kleinere Ionen (M^{III} = Sc, Yb, Lu) geben zur Bildung von $M_4^{III}Zr_3O_{12}$ und anderen komplexeren Spezies Anlaß, die alle Fluoritstruktur besitzen [9]. Eine Anzahl von $M_2^{II}ZrO_4$-Verbindungen besitzt Spinellstruktur. Wird ZrO_2 in geschmolzenem KOH gelöst und das überschüssige Lösungsmittel bei 1050 °C verdampft, dann erhält man die Verbindungen $K_2Zr_2O_5$ und K_2ZrO_3. In der ersten sind ZrO_6-Oktaeder über gemeinsame Flächen zu Ketten verknüpft, die wiederum mit anderen Ketten Kanten und Ecken gemeinsam haben. Die zweite Substanz enthält unendliche Ketten aus quadratischen ZrO_5-Pyramiden [10, 11]):

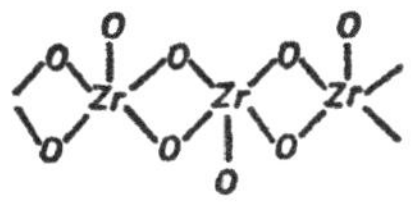

Neben anderen gemischten Oxiden sind $TiZrO_4$, V_2ZrO_7, $Nb_{10}ZrO_{27}$, $Nb_{14}ZrO_{37}$, Mo_2ZrO_4 und W_2ZrO_8 bekannt. Zirkonate und Hafnate besitzen hohe Schmelzpunkte (oft > 2500 °C) und haben somit einen industriellen Wert.

Literatur

1. *Kovba, L. M., Kenina, E. M., Kornilov, I. I.* und *Glazova, V. V.*, Doklady Akad. Nauk SSSR **180,** 360 (1968); Chem. Abstr. **69,** 39496 r (1968).
2. *Hashimoto, S., Iwasaki, H., Ogawa, S., Yamaguchi, S.* und *Hirabayashi, M.*, J. Physic. Soc. Japan **32,** 1146 (1972).
3. *Domagala, R. F.* und *McPherson, D. F.*, J. Metals **6,** 238 (1954).
4. *Hirabayashi, M., Yamaguchi, S., Arai, T., Asano, H.* und *Hashimoto, S.*, J. Physic. Soc. Japan **32,** 1157 (1972).
5. *Ackermann, R. J.* und *Rauh, E. G.*, J. Chem. Physics **60,** 2266 (1974).
6. *Mouron, P., Reynaud, C.* und *Vuillard, G.*, C. R. hebd. Séances Acad. Sci., Sér. C **275,** 1371 (1972).
7. *Boganov, A. G., Rudenko, V. S.* und *Makarov, L. P.*, Doklady Akad. Nauk SSSR **160,** 1065 (1965); Chem. Abstr. **63,** 3702 a (1965).
8. *Smith, D. K.* und *Newkirk, H. W.*, Acta crystallogr. (Copenhagen) **18,** 983 (1965).
9. *Collongues, R., Oneyroux, F., Perez y Jorba, M.* und *Gilles, J. C.*, Bull. Soc. chim. France 1141 (1965).
10. *Cotton, F. A.* und *Wilkinson, G.*, Anorganische Chemie. 3. Aufl. S. 987. Übersetzt von *H. P. Fritz* (Weinheim/Bergstr. 1974).
11. *Gatehouse, B. M.* und *Lloyd, D. J.*, Chem. Commun. **606,** 727 (1969).

9. Hydroxide und Oxide des Vanadins

Vanadinhydroxide

VO(OH), Montroseit, kristallisiert in einem Gitter vom AlO(OH)(I)-Typ (Diaspor-Typ) [1]). Die Kristalle sind mit VO_2(III), Paramontroseit, und einer weiteren Phase V_2O_3(OH) verwachsen. In $V_2O_2(OH)_3$, Häggit, liegen Zickzack-VO_6-Oktaederketten vor, die denen im Montroseit ähneln. Diese Ketten sind seitlich zu Schichten miteinander verbunden. Die Schichten werden durch Wasserstoffbrückenbindungen zusammengehalten [2]). Die Struktur von Doloresit, $V_3O_4(OH)_4$, ähnelt der von Häggit, mit der Ausnahme, daß in den Schichten abwechselnd Doppel- und Einzeloktaederketten vorliegen.

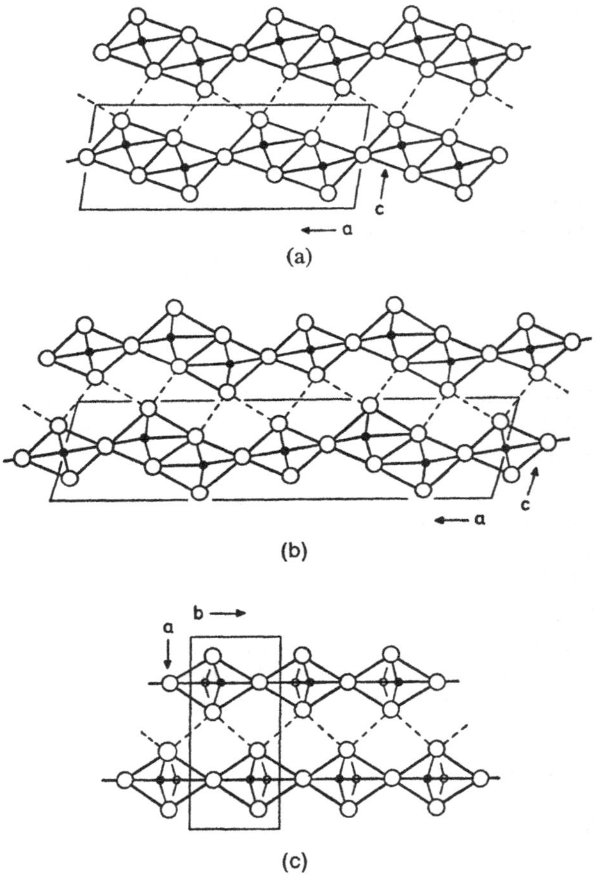

Abb. 29. Kristallstrukturen von (a) Häggit, (b) Doloresit und (c) Duttonit, betrachtet entlang der Achsen der Oktaederketten. Gestrichelte Linien = Wasserstoffbrücken, nach *Evans, Jr.* und *Mrose* [2])

Doloresit enthält erhebliche Mengen Fe^{II} [2]). Die Struktur von Duttonit, $VO(OH)_2$, basiert auf Einzeloktaederketten, die zu Schichten parallel (100) verbunden sind und Spitzen gemeinsam haben [2]) (Abb. 29).

Kristalle von VO(OH) (Diaspor-Typ) und $VO(OH)_2$ (Duttonit-Typ) können unter hydrothermalen Bedingungen aus Mischungen von V und V_2O_5

dargestellt werden [3]). Weitere strukturell weniger gut untersuchte Hydroxide sind $V_3O_7 \cdot H_2O$, $V_2O_4 \cdot 4\,V_2O_5 \cdot 12\,H_2O$ (Bariandit), $V_2^{IV}V_{10}^{V}O_{29} \cdot n\,H_2O$ (Corvusit-ähnliches Mineral), $V_2^{IV}V_{12}^{V}O_{34} \cdot n\,H_2O$ (Corvusit) und $V_2O_5 \cdot 3\,H_2O$ (Navajoit).

Vanadinoxide

Im System V – O treten die folgenden festen Phasen auf: VO_x(I) (α-Phase), (α-)Wolfram-Typ, Lösung von Sauerstoff in V [4]); VO_x(II); VO_x(III) ($=V_9O$); VO_x(IV) (β-Phase); VO_x(V); VO_x(VI) (γ-Phase) ($x \approx 0{,}571$); VO_x(VII) ($x = 0{,}7 \pm < 0{,}1$); VO_x(VIII) (δ-Phase) [5]) [VO_x(VIII′) (δ'-Phase) und VO_x(VIII″) (δ''-Phase), beide NaCl-Typ]; VO_x(IX) ($= VO_{1,17}$), Überstruktur des NaCl-Typs; VO_x(X) (ε-Phase) [6]), Überstruktur des NaCl-Typs mit Kationenleerstellen; VO_x(XI) (ξ-Phase) ($1{,}20 \leqq x \leqq 1{,}37$); V_2O_3(I), Karelianit, α-Al_2O_3-Typ (Korund-Typ); V_2O_3(II); V_3O_5 (η-Phase); V_3O_z ($5 \leqq z \leqq 6$)(?); V_4O_7 (θ_n-Phase) [7]); V_5O_9 (θ_n-Phase), Ti_5O_9-Typ; V_6O_{11} (θ_n-Phase); V_7O_{13} (θ_n-Phase); V_8O_{15} (θ_n-Phase); VO_2(I) (θ-Phase), TiO_2(III)-Typ (Rutil-Typ); VO_2(I′); VO_2(II) (θ-Phase), MoO_2-Typ; VO_2(III), Paramontroseit; VO_2(IV); V_6O_{13}(I) ($\varkappa$-Phase); V_6O_{13}(II); V_6O_{13}(III); V_4O_9(I); V_4O_9(II); V_3O_7 [8]); V_2O_5 (λ-Phase), Vanadinocker, V_2O_5-Typ (Vanadinocker-Typ). Das Phasendiagramm V – O [9]), $V_2O_3 - V_2O_4$ (Magneli-Phasen V_nO_{2n-1}) bei hohen Temperaturen [10]), $V_2O_3 - V_2O_5$ [11]) und $V_2O_4 - V_2O_5$ (500—651 °C) [12]) ist publiziert worden.

Vanadin(II)-oxid (δ-Phase)

Dieses Oxid wird durch Reduktion der höheren Oxide mit Wasserstoff dargestellt. Die δ-Phase besteht in Wirklichkeit aus zwei Phasen: δ'- und δ''-Phase, die beide in einem Gitter vom NaCl-Typ kristallisieren [13]). Die δ'-Phase VO_x ($0{,}86 \leqq x \leqq 0{,}91$) und die δ''-Phase VO_x ($1{,}05 \leqq x \leqq 1{,}25$) sind durch eine Mischungslücke getrennt.

Vanadin(II)-oxid ist wie die höheren Oxide antiferromagnetisch und ein elektrischer Leiter.

Vanadin(III)-oxid

V_2O_3 bildet sich bei der Reduktion von V_2O_5 mit H_2. Die Raumtemperaturphase V_2O_3(I) kristallisiert in einem Gitter vom α-Al_2O_3-Typ (Korund-Typ) [14]). Sie besitzt nur eine geringe Phasenbreite. Die Tieftemperaturphase V_2O_3(II) besitzt monokline Symmetrie. Umwandlungstemperatur $T_{I,II} = -125$ °C.

V_2O_3 ist antiferromagnetisch mit einer Übergangstemperatur von 168 K. Der Übergang ist mit einer sehr großen ($\approx 10^6$fachen) Änderung des elektrischen Widerstandes während einer Temperaturänderung von nur einem Grad verbunden [15]).

Vanadin(IV)-oxid

Das Dioxid kann durch Reduktion von V_2O_5 mit einem schwachen Reduktionsmittel, wie z. B. V_2O_3, C, CO, SO_2 oder Oxalsäure, dargestellt werden. Die Hochtemperaturphase VO_2(I) kristallisiert in einem Gitter vom TiO_2(III)-Typ (Rutil-Typ) [16]. Die Raumtemperaturphase VO_2(II) besitzt ein MoO_2-Gitter [17]. Umwandlungstemperatur $T_{I,II} = 67{,}0$ °C. Als Folge der Strukturänderung nimmt der Wert des magnetischen Moments stark ab und beträgt 1,41 B.M. bei 79 °C und 0,53 B.M. bei 64 °C.

Vanadin(V)-oxid

V_2O_5 bildet sich bei der Verbrennung von feinverteiltem Vanadinmetall in einem O_2-Überschuß oder durch thermische Zersetzung von NH_4VO_3.

Die Struktur des V_2O_5 (λ-Phase) besteht aus verzerrten trigonal-bipyramidalen VO_5-Koordinationspolyedern, die sich über gemeinsame Kanten zu Doppelketten in Zickzackanordnung in Richtung [001] verknüpfen. Über gemeinsame Ecken in Richtung [100] verbinden sich die Doppelketten zu Schichten in der $x\,z$-Ebene [18].

Vanadinpentoxid verliert Sauerstoff reversibel im Bereich von 700 bis 1125 °C. Es ist ein ausgezeichneter Katalysator für viele anorganische und organische Reaktionen; ein Beispiel ist die Oxidation von SO_2 zu SO_3.

Die Bildungswärme ΔH_f° (25 °C; kJ/mol) der gasförmigen Moleküle V_4O_{10} (–2850), V_4O_8 (–2471), VO_2 (–236) und VO (–147) sind massenspektrometrisch bestimmt worden [19].

Vanadate

Aus orangefarbenen Vanadatlösungen scheiden sich leicht Kristalle von gleicher Farbe aus. Die Strukturen von Dekavanadaten, wie z. B. $Na_6V_{10}O_{28} \cdot 18\,H_2O$, wurden bestimmt. Im $V_{10}O_{28}^{6-}$-Ion sind zehn VO_6-Oktaeder miteinander verbunden. KVO_3 weist unendliche Ketten aus VO_4-Tetraedern mit gemeinsamen Kanten auf. $KVO_3 \cdot H_2O$ besitzt Ketten aus VO_5-Polyedern [20]. α-$NaVO_3$ kristallisiert in einem Gitter vom Diopsid-Typ [21].

Literatur

1. *Evans, Jr., H. T.* und *Mrose, M. E.*, Amer. Mineralogist **40,** 861 (1955); *Weeks, A. D., Cisney, E. A.* und *Sherwood, A. M.*, ibid. **38,** 1235 (1953).
2. *Evans, Jr., H. T.* und *Mrose, M. E.*, Acta crystallogr. (Copenhagen) **11,** 56 (1958).
3. *Schwarzmann, E.*, Z. Naturforschg. **25 b,** 1485 (1970); *Schwarzmann, E.* und *Birkenberg, R.*, ibid. **27 b,** 76 (1972); *Schwarzmann, E., Bak, R.* und *Birkenberg, R.*, ibid. **27 b,** 1003 (1972); *Muller, J.* und *Joubert, J. C.*, J. Solid State Chem. **11,** 79 (1974).
4. *Smith, D. L.*, J. less-common Metals (Lausanne) **31,** 345 (1973).

5. *Watanabe, D., Andersson, B., Gjönnes, J.* und *Terasaki, O.*, Acta crystallogr. (Copenhagen), Sect A **30,** 772 (1974).
6. *Høier, R.* und *Andersson, B.*, Acta crystallogr. (Copenhagen), Sect. A **30,** 93 (1974).
7. *Horiuchi, H., Tokonami, M., Morimoto, N.* und *Nagasawa, K.*, Acta crystallogr. (Copenhagen), Sect. B **28,** 1404 (1972).
8. *Waltersson, K., Forslund, B., Wilhelmi, K.-A., Andersson, S.* und *Galy, J.*, Acta crystallogr. (Copenhagen), Sect. B **30,** 2644 (1974).
9. *Henry, J. L., O'Hare, S. A., McCune, R. A.* und *Krug, M. P.*, J. less-common Metals (Lausanne) **21,** 115 (1970); *Stringer, J.*, ibid. **8,** 1 (1965).
10. *Okinada, H., Kosuge, K.* und *Kachi, S.*, Trans. Japan Inst. Metals **12,** 44 (1971); *Endo, H., Wakihara, M., Taniguchi, M.* und *Katsura, T.*, Bull. Chem. Soc. Japan **46,** 2087 (1973).
11. *Nagasawa, K.*, Mater. Res. Bull. **6,** 853 (1971); *Nagasawa, K., Bando, Y.* und *Takada, T.*, Jap. J. Appl. Physics **8,** 1267 (1969); *Sata, T.* und *Ito, Y.*, Kogyo Kagaku Zasshi **71,** [5], 647 (1968);[C. A. **69,** 90305 e (1968)]; *Kosuge, K.*, J. Physics Chem. Solids **28,** 1613 (1967).
12. *Endo, H., Wakihara, M.* und *Taniguchi, M.*, Chemistry Letters, 905 (1974).
13. *Reuther, H.* und *Brauer, G.*, Z. anorg. allg. Chem. **384,** 155 (1971).
14. *Dernier, P. D.*, J. Physics Chem. Solids **31,** 2569 (1970).
15. *Goodenough, J. B.*, Magnetism and the Chemical Bond (New York 1963).
16. *Westman, S.*, Acta chem. Scand. **15,** 217 (1961).
17. *Rogers, D. B., Shannon, R. D., Sleight, A. W.* und *Gillson, J. L.*, Inorg. Chem. (Washington) **8,** 841 (1969).
18. *Bachmann, H. G., Ahmed, F. R.* und *Barnes, W. H.*, Z. Kristallogr., Kristallgeometr., Kristallphysik, Kristallchem. **115,** 110 (1961).
19. *Farber, M., Manuel Uy, O.* und *Srivastava, R. D.*, J. Chem. Physics **56,** 5312 (1972).
20. *Flynn, C. M., Pope, J. V.* und *Pope, M. T.*, J. Amer. Chem. Soc. **92,** 85 (1970).
21. *Marumo, F., Isobe, M., Iwai, S.* und *Kondo, Y.*, Acta crystallogr. (Copenhagen), Sect. B **30,** 1628 (1974).

10. Oxide von Nb und Ta

Nioboxide

Im System Nb–O sind die folgenden kristallinen Phasen beschrieben worden: NbO_x(I) (α-Phase), (α-)Wolfram-Typ mit O auf Zwischengitterplätzen; NbO_x(II), Nb_6O-Typ (tetragonal verzerrter α-Wolfram-Typ); NbO_x(II'); NbO_x(III); NbO_x(III'); NbO_x(IV), NbO_x(IV)-Typ; NbO_x(V) ($0{,}1 \leqq x \leqq 0{,}8$), γ-TaO-Typ; NbO_x(VI) ($0{,}6 \leqq x \leqq 0{,}8$); NbO(I), NbO-Typ; NbO(II), NaCl-Typ; NbO(III), Überstruktur des NbO(I)?; NbO_{1+x}(I) ($0{,}64 \leqq x \leqq 0{,}68$), NbO_{1+x}(I)-Typ; NbO_{1+x}(II); NbO_{1+x}(III); NbO_2(I), TiO_2(III)-Typ (Rutil-Typ), Hochtemperaturphase; NbO_2(II), NbO_2(II)-Typ, ähnlich TiO_2(III)-Typ (Rutil-Typ), Phasenbreite $NbO_{1,94...2,09}$, Tieftemperaturphase, $T_{I,II} = (795 \pm 5)$ °C; $NbO_{2,416}$ ($\triangleq Nb_{12}O_{29}$)(I), $Nb_{12}O_{29}$(I)-Typ, ähnlich $Ti_2Nb_{10}O_{29}$(I)-Typ; $NbO_{2,416}$ ($\triangleq Nb_{12}O_{29}$)(II), $Ti_2Nb_{10}O_{29}$-Typ;

$NbO_{2,455}$ (≙ $Nb_{11}O_{27}$); $NbO_{2,464}$ (≙ $Nb_{47}O_{116}$); $NbO_{2,480}$ (≙ $Nb_{25}O_{62}$), $TiNb_{24}O_{62}$-Typ; $NbO_{2,483}$ (≙ $Nb_{53}O_{132}$), verwandt mit „H – Nb_2O_5" und $Nb_{25}O_{62}$; Nb_2O_5(I), Nb_2O_5(I)-Typ; Nb_2O_5(I'); Nb_2O_5(II), Nb_2O_5(II)-Typ; Nb_2O_5(III), Ta_2O_5(II_1)-Typ; Nb_2O_5(III'); Nb_2O_5(IV); Nb_2O_5(V), Nb_2O_5(V)-Typ; Nb_2O_5(VI); Nb_2O_5(VII), Nb_2O_5(VII)-Typ; Nb_2O_5(VIII), Nb_2O_5(VIII)-Typ.

NbO besitzt nur eine geringe Phasenbreite, Metallglanz und ausgezeichnete (metallische) Leitfähigkeit [1]). NbO_2 weist eine Struktur vom Rutiltyp mit Paaren recht eng (2,80 Å) benachbarter Nb-Atome auf [2]), die vermutlich durch Einfachbindungen miteinander verbunden sind.

Nb_2O_5 wie auch Ta_2O_5 erhält man durch Entwässern der wasserhaltigen Oxide (der sog. „Niob"- und „Tantalsäure") oder durch Abrösten bestimmter Nb- bzw. Ta-Verbindungen im O_2-Überschuß. Die wasserhaltigen Oxide besitzen einen wechselnden Wassergehalt und sind gelartige, weiße Niederschläge, die man durch Neutralisation saurer Lösungen der Nb^V- und Ta^V-Halogenide erhält. Die Beziehungen zwischen den einzelnen Nb_2O_5-Phasen in Abhängigkeit vom Druck und der Temperatur sind untersucht worden [3]). Eine neuere Untersuchung der thermodynamischen Eigenschaften des Systems $NbO_2 - Nb_2O_5$ bei hohen Temperaturen liegt vor [4]).

NbO-Moleküle, die beim Verdampfen einer Mischung von Niobmetall und festem Nb_2O_5 oder durch Überleiten von O_2 über heißes Niobmetall entstehen, wurden in einer Matrix von festem He bzw. Ar bei 4 K eingefangen und untersucht [5]).

Tantaloxide

Im System Ta – O treten folgende Oxide auf: TaO_x(I) (α-Phase), (α-)Wolfram-Typ, Lösung von Sauerstoff in Tantal; TaO_x(II) (≙ Ta_6O), Nb_6O-Typ (tetragonal verzerrter α-Wolfram-Typ); TaO_y (≙ Ta_4O), Ta_4O-Typ; $TaO_{y'}$ (≙ $Ta_{32}O_9$), Überstruktur des Ta_4O; Ta_2O(I), ähnlich Cu_2O-Typ; Ta_2O(III) (≙ TaO_z), NbO_x(IV)-Typ; $TaO_{<1}$ (γ-Phase), NaCl-Typ; $TaO_{\approx 1}$, NaCl-Typ; $TaO_{1\pm x}$, ähnlich $CaTiO_3$(I)-Typ (Perowskit-Typ) mit Kationen- und Anionenleerstellen; $TaO_{1,0\ldots1,2}$, Überstrukturphase der Phasen $TaO_{1\pm x}$; TaO_{2-x} ($0 \leqq x < 1$), verzerrter TiO_2(III)-Typ (Rutil-Typ); TaO_2, TiO_2(III)-Typ (Rutil-Typ); Ta_2O_5(I); Ta_2O_5(II_1), ähnlich Nb_2O_5(III)-Typ („γ-Nb_2O_5"-Typ); Ta_2O_5(II_2) (≙ „β_2-Ta_2O_5"); Ta_2O_5(II_3) (≙ „β_3-Ta_2O_5"); Ta_2O_5(II_4) (≙ „β_4-Ta_2O_5"); Ta_2O_5(II_5) (≙ „M-4-Ta_2O_5"); Ta_2O_5(II_6) (≙ „M-5-Ta_2O_5"); Ta_2O_5(II_7) (≙ „GF-Ta_2O_5"), $PbTa_2O_6$(III)-Typ (?); Ta_2O_5(III), Nb_2O_5(IV)-Typ.

Ein Phasendiagramm des Teilsystems Ta – Ta_2O_5 ist aufgestellt worden [6]).

Doppeloxide

Mit Ausnahme einiger Lanthanidenniobate und -tantalate, z. B. $ScNbO_4$ [7]), die diskrete tetraedrische MO_4^{3-}-Ionen enthalten, ist die Koordinationszahl von Nb^V und Ta^V mit Sauerstoff praktisch immer 6. Die verschiedenen

„Niobate“ und „Tantalate“ sind in der Regel Doppeloxide. So gehören z. B. die Verbindungen $NaNbO_3$ und $KNbO_3$ dem Perowskit-Typ an. Sie sind ferroelektrisch. Na_3NbO_4 ist das erste Orthoniobat mit Inselstruktur: $Na_{12}[Nb_4O_{16}]$ [8]). $LiNbO_2$ ist das erste Oxoniobat(III) [9]). In Kristallen treten die Niobat- und Tantalat-Isopolyanionen $M_6O_{19}^{8-}$ auf [10]).

Literatur

1. *Chandrashekar, G. V., Mayo, J.* und *Honig, J. M.*, J. Solid State Chem. **2**, 528 (1970).
2. *Shapiro, S. M., Axe, J. D., Shirane, G.* und *Raccah, P. M.*, Solid State Commun. **15**, 377 (1974).
3. *Waring, J. L., Roth, R. S.* und *Parker, H. S.*, J. Res. Nat. Bur. Standards, Sect. A **77**, 705 (1974).
4. *Marucco, J. F.*, J. Solid State Chem. **10**, 211 (1974).
5. *Brom, Jr., J. M., Durham, Jr., C. H.* und *Weltner, Jr., W.*, J. Chem. Physics **61**, 970 (1974).
6. *Jehn, H.* und *Olzi, E.*, J. less-common Metals (Lausanne) **27**, 297 (1972).
7. *Komissarova, L. N.*, et al., Russ. J. Inorg. Chem. **13**, 934 (1968).
8. *Meyer, G.* und *Hoppe, R.*, Naturwiss. **61**, 501 (1974).
9. *Meyer, G.* und *Hoppe, R.*, Angew. Chem., Intern. Edit. **13**, 744 (1974).
10. *Nelson, W. H.* und *Tobias, R. S.*, Inorg. Chem. (Washington) **2**, 985 (1963).

11. Hydroxide und Oxide des Chroms

Hydroxide

Chrom(III)-hydroxid-Hydrat $Cr(OH)_3 \cdot 3\,H_2O$

Gut kristallisiertes Chrom(III)-hydroxid-Hydrat bildet sich, wenn OH^--Ionen bei tiefer Temperatur zu einer Lösung von $[Cr(OH_2)_6]^{3+}$-Ionen gegeben werden. Es entspricht der Formel $[Cr(OH)_3 \cdot (H_2O)_3]_\infty$. Man nimmt das Vorliegen einer „Anti-Bayerittyp“-Struktur an, zwei Drittel der oktaedrischen M^{3+}-Lagen sind unbesetzt. In den Schichten sind isolierte $[Cr(OH_2)_3(OH)_3]$-Koordinationseinheiten durch ein Netzwerk von Wasserstoffbrücken miteinander verknüpft. Die Verbindung verliert leicht Wasser und wandelt sich in ein völlig amorphes Hydroxid mit wechselndem Wassergehalt um [1]).

Chrom(III)-oxidhydroxid CrO(OH)

Chrom(III)-oxidhydroxid tritt in drei Modifikationen auf, die auf hydrothermalem Wege darstellbar sind [2, 3]). CrO(OH)(I) kristallisiert im AlO(OH)(I)-Typ (Diaspor-Typ) [4]), CrO(OH)(II) im InO(OH)-Typ [5]) und CrO(OH)(III) im $CuFeO_2$-Typ (Delafossit-Typ) [6]).

CrO(OH)(III) wird auch als „$HCrO_2$“ formuliert. Diese Form ist aus Schichten vom CdJ_2-Typ aufgebaut, die so übereinander gelagert sind, daß die O-Atome der einen Schicht direkt über den O-Atomen der anderen

Schicht zu liegen kommen. Auf der Grundlage von IR-Absorption, ^{1}H-Kernresonanzspektren und Neutronenbeugungspulveraufnahme wurde festgestellt, daß die O – D – O-Bindung im $DCrO_2$ asymmetrisch ist [d(O – D) = 0,96 ± 0,04 Å; d(O···O) = 2,55 ± 0,02 Å]. Die Ergebnisse für die O – H – O-Bindung im $HCrO_2$ sind weniger sicher, scheinen jedoch eine symmetrische Wasserstoffbrückenbindung anzuzeigen. Die O – H – O-Bindungslänge beträgt 2,49 ± 0,02 Å [6]).

Oxide

Chrom(II)-oxid CrO

Eine Reindarstellung von Chrom(II)-oxid ist bisher anscheinend nicht gelungen. Es kann in Mischkristallen mit verwandten Metallmonoxiden stabilisiert werden. Zwischen den im NaCl-Typ kristallisierenden Oxiden VO und CrO läßt sich eine homogene Mischphase im begrenzten Bereich 0 bis 12 Mol-% CrO herstellen. In den Oxidsystemen MnO – CrO und ZnO – CrO ist keine Mischbarkeit nachzuweisen [7]).

Chrom(III)-oxid Cr_2O_3

Cr_2O_3(I) (α-Cr_2O_3) entsteht beim Verbrennen von Chrom im O_2-Strom, bei der thermischen Zersetzung von CrO_3 oder Ammoniumdichromat oder beim Erhitzen des wasserhaltigen Oxids, $Cr_2O_3 \cdot n\,H_2O$. Einkristalle können durch eine chemische Transportreaktion hergestellt werden [8]). Es kristallisiert im α-Al_2O_3-Typ (Korund-Typ) [9]). Cr_2O_3(II) ist metastabil. Diese Form entsteht zwischen 419 und 459 °C. Sie kristallisiert im $MgAl_2O_4$-Typ (Spinell-Typ) [10]).

Cr_2O_3 beginnt schon unterhalb seines Schmelzpunktes (etwa 2275 °C) zu dissoziieren.

Chromite

Beim Zusammenschmelzen von Cr_2O_3 mit den Oxiden einer Anzahl zweiwertiger Metalle bilden sich „Chromite", das sind Doppeloxide der Zusammensetzung $M^{II}Cr_2O_4$. Sie besitzen Spinellstruktur mit Cr^{III}-Ionen auf oktaedrischen Gitterplätzen.

Oxide im Cr_2O_3 – CrO_3-Bereich [11])

Durch Erhitzen von CrO_3 oder Mischungen von CrO_3 und niederen Chromoxiden bei Drücken bis 4 kbar bilden sich intermediäre Chromoxide. Die Druck- und Temperaturbereiche der Bildung werden für fünf beobachtete intermediäre Phasen angegeben: β-Oxid ($CrO_{2,65}$), γ-Oxid ($CrO_{2,44}$), Cr_6O_{15}, Cr_5O_{12} und CrO_2. Alle Phasen besitzen einen engen Homogenitätsbereich (Abb. 30).

Cr_6O_{15} wird in reiner Form aus CrO_3 bei Drücken $>$ 1000 bar im Temperaturbereich 210 bis 230 °C erhalten. Es bildet schwarze, dünne Platten, die in Wasser und verdünnten Säuren unlöslich sind, sich aber bei Raumtemperatur in konzentrierter Schwefelsäure lösen. Das Material ist schlecht kristallisiert.

Cr_5O_{12} bildet sich in reiner Form zwischen 230 und 240 °C und Drücken > 1000 bar als schwarze Prismen. Es ist unlöslich in Wasser, löslich in heißer konz. H_2SO_4. Das Oxid ist nicht ferromagnetisch.

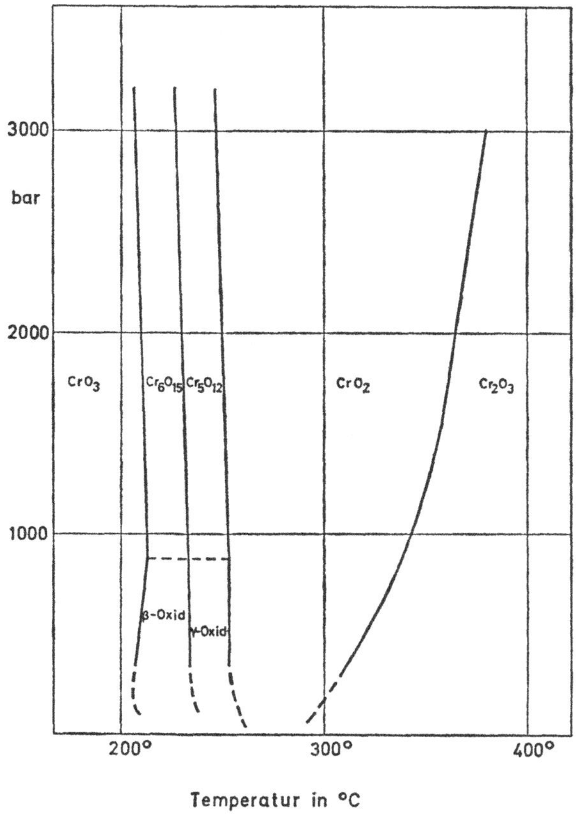

Abb. 30. Druck-Temperatur-Diagramm für die Bildung von Chromoxiden, nach *Wilhelmi* [11])

CrO_2 entsteht bei der thermischen Zersetzung von CrO_3 oder durch Erhitzen eines stöchiometrischen $CrO_3 - Cr_2O_3$-Gemisches bei einer Temperatur > 250 °C und Drücken > 2000 bar. Über eine Kristallzüchtung bei niedrigen Drücken wurde berichtet [12]). Das Oxid bildet schwarzviolette Säulen und kristallisiert im TiO_2(III)-Typ (Rutil-Typ) [13]). Es ist unlöslich in Wasser. Bei Erhitzen auf Rotglut gibt es Sauerstoff ab. CrO_2 ist ferromagnetisch ($T_c = 122 \pm 3$ °C) und weist metallische Leitfähigkeit auf. Einer der Gründe für das große Interesse an dieser Verbindung ist sein magnetisches Verhalten, welches es besonders geeignet für Tonbänder macht.

Chrom(VI)-oxid CrO_3

Chrom(VI)-oxid entsteht als orangerote Verbindung bei der Zugabe von H_2SO_4 zu wässerigen Chromat- und Dichromatlösungen. Die Struktur besteht aus unendlichen Ketten von CrO_4-Tetraedern, die über Ecken miteinander verbunden sind [14]). Die Cr–O-Bindungslänge in der Brücke beträgt 1,748 Å und in der endständigen Gruppe 1,599 Å. Der Winkel am Brücken-Sauerstoffatom beläuft sich auf 143 °:

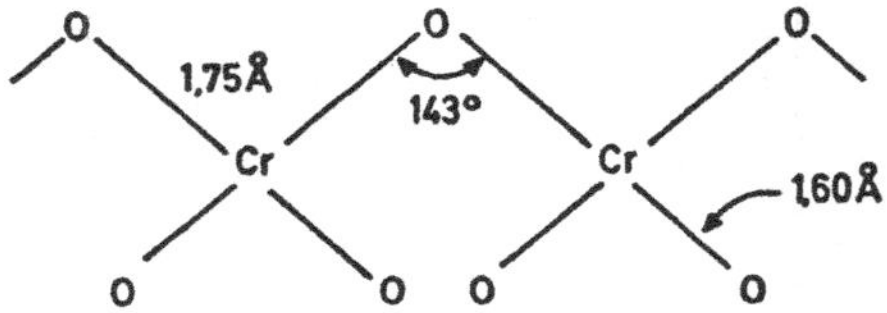

Zwischen den Ketten wirken nur *van der Waals*-Kräfte, in Übereinstimmung mit dem vergleichsweise niedrigen Schmelzpunkt (179 °C). CrO_3 ist hygroskopisch und in Wasser unter Bildung von Säure löslich. Beim Erhitzen oberhalb seines Schmelzpunktes verliert es stufenweise Sauerstoff bis sich letztlich Cr_2O_3 bildet. Es sublimiert bei 125 °C.

Literatur

1. *Giovanoli, R., Stadelmann, W.* und *Feitknecht, W.*, Helv. chim. Acta **56**, 839 (1973).
2. *Shibasaki, Y.*, Mater. Res. Bull. **7**, 1125 (1972).
3. *Shibasaki, Y., Kanamaru, F.* und *Koizumi, M.*, Mater. Res. Bull. **8**, 559 (1973).
4. *Milton, Ch., Appleman, D., Chao, E. C. T.*, et al., Min. Soc. Amer. Progr. 151 (1967).
5. *Christensen, A. N.*, Inorg. Chem. (Washington) **5**, 1452 (1966).
6. *Hamilton, W. C.* und *Ibers, J. A.*, Acta crystallogr. (Copenhagen) **16**, 1209 (1963).
7. *Brauer, G., Reuther, H., Walz, H.* und *Zapp, K. H.*, Z. anorg. allg. Chem. **369**, 144 (1969).
8. *Peshev, P., Bliznakov, G., Gyurov, G.* und *Ivanova, M.*, Mater. Res. Bull. **8**, 1011 (1973).
9. *von Steinwehr, H. E.*, Z. Kristallogr., Kristallgeometr., Kristallphysik, Kristallchem. **125**, 377 (1967).
10. *Laubengayer, A. W.* und *McCune, H. W.*, J. Amer. Chem. Soc. **74**, 2362 (1952).
11. *Wilhelmi, K.-A.*, Acta chem. Scand. **22**, 2565 (1968).
12. *Ben-Dor, L.* und *Shimony, Y.*, J. Crystal Growth (Amsterdam) **24—25**, 175 (1974).

13. *Baur, W. H.* und *Khan, A. A.*, Acta crystallogr. (Copenhagen) B **27**, 2133 (1971).
14. *Stephens, J. S.* und *Cruickshank, D. W. J.*, Acta crystallogr. (Copenhagen) B **26**, 222 (1970).

12. Hydroxide, Oxidhydrate und Oxide von Mo und W

Hydroxide, Molybdän- und Wolframblau

Diese Feststoffe bilden sich bei milder Reduktion von angesäuerten Molybdat- und Wolframat-Lösungen oder von MoO_3- bzw. WO_3-Suspensionen in Wasser. Die „blauen Oxide" enthalten sowohl Oxid- als auch Hydroxid-Gruppen. Ziemlich große Kristalle von dem blauen Oxidhydroxid $Mo_4O_{10}(OH)_2$ bilden sich überraschenderweise bei der Untersuchung des Systems $MoO_3 - MoO_2$ bei 25 kbar und 600—1000 °C. Die Bildung dieser Verbindung ist auf die Anwesenheit von Pyrophyllit, das in der Apparatur als Hochdruckmedium verwendet wird, zurückzuführen [1]). Es liegt eine ganze Reihe von „genotypen" Phasen $MoO_{3-x}(OH)_x$ ($0 \leqq x \leqq 2$) (d. h. solchen, die eine gleiche Grundstruktur mit unterschiedlichen Ladungen der Kationen und Anionen aufweisen) vor, mit dem olivgrünen $MoO(OH)_2$ als einer und dem MoO_3 als der anderen Begrenzung [2]).

$Mo_2O_5(OH)$ hat im wesentlichen dieselbe Schichtstruktur wie MoO_3. Die Lagen der H-Atome sind zwar noch nicht festgelegt worden, doch deuten einige $O - O$-Abstände von 2,80 Å darauf hin, daß hier wahrscheinlich Wasserstoffbindungen vorliegen. Im MoO_3 sind die Mo-Atome vom Zentrum der oktaedrischen O_6-Gruppen verschoben, was zu einer ziemlich unsymmetrischen Koordinationsgruppe [d(Mo – O) = 1,67, 1,73, 1,95 (2×), 2,25 und 2,33 Å] führt, was als (2 + 2 + 2)-Koordination beschrieben werden kann. Im $Mo_2O_5(OH)$, wo 1 OH auf 5 O kommt, liegt eine (1 + 4 + 1)-Koordination [d(Mo – O) = 1,69, 1,96 (4×) und 2,33 Å] vor, mit einer sehr kurzen und einer langen Bindung.

Die Verbindungen, in denen die mittlere Oxidationszahl des Molybdäns zwischen 5 und 6 liegt, sind blau gefärbt, z. B. $MoO_{2.0}(OH)$ und $MoO_{2,5}(OH)_{0,5}$. Eine eingehende Erklärung der blauen Farbe anhand der Elektronenstruktur wurde noch nicht gegeben. Es wurde die Vermutung geäußert, daß Mo_3-Metallatom-Inselstrukturen dafür verantwortlich sein könnten [3]). Im Fall der „blauen Oxide" des *Wolframs* wurden ähnliche Zusammenhänge erkannt. Strukturdaten liegen von folgenden Oxidhydroxiden vor: $Mo_5O_7(OH)_8$, $Mo_2O_4(OH)_2$, $Mo_4O_{10}(OH)_2$ und $Mo_8O_{15}(OH)_{16}$.

Oxidhydrate von Molybdän und Wolfram

In den Systemen $MoO_3 - H_2O$ und $WO_3 - H_2O$ treten jeweils zwei Verbindungen der formalen Zusammensetzung $MO_3 \cdot H_2O$ und $MO_3 \cdot 2\,H_2O$ (M = Mo oder W) auf. Die Dihydrate können sich als Niederschläge aus stark angesäuerten wäßrigen Molybdat- bzw. Wolframatlösungen bei 25 °C bilden und gehen schon bei 50—100 °C in Monohydrate über. Breitlinien-^{1}H-Kernresonanz- und IR-spektroskopische Untersuchungen haben gezeigt, daß das Wasser in allen vier Verbindungen in Form von H_2O-Molekülen vorliegt [4]).

Im Kristallgitter von $MoO_3 \cdot 2\,H_2O$ sind $MoO_5(OH_2)$-Oktaeder mit koordiniertem H_2O über Ecken zu unendlichen Schichten verknüpft; zwischen den Schichten befindet sich Kristallwasser [5]). Die Verteilung der Aquoliganden über die beiden Seiten der Schicht geht aus Abb. 31 hervor.

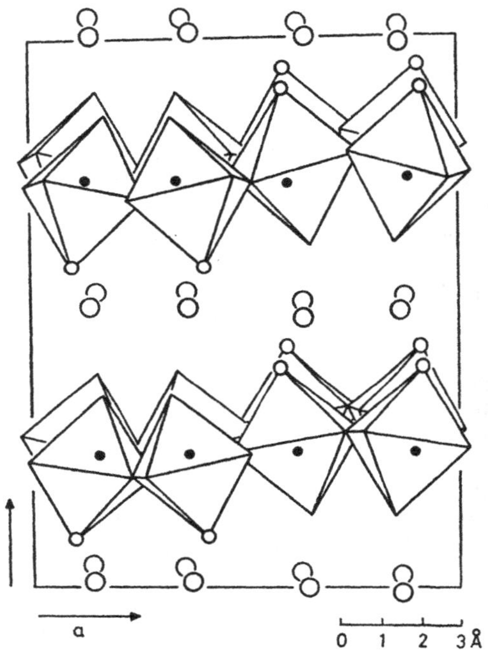

Abb. 31. $MoO_3 \cdot 2\,H_2O$-Struktur. Die offenen Kreise symbolisieren H_2O-Moleküle, nach *Krebs* [5])

Das Auftreten von koordiniertem Wasser neben Hydrat-H_2O ist für Verbindungen in den Systemen Oxid—Wasser ungewöhnlich; das $MoO_3 \cdot 2\,H_2O$ ist das erste Beispiel für ein solches Aquoxid. Die Verbindung sollte dementsprechend korrekt als $[MoO_{4/2}O(OH_2)] \cdot H_2O = [MoO_3(OH_2)] \cdot H_2O$ Molybdän-hydrato-trioxid-hydrat oder Molybdän-aquo-trioxid-hydrat formuliert werden. Die Struktur hat wenig Beziehungen zu der Struktur des wasserfreien MoO_3.

Das feste Dihydrat läßt sich leicht zu einem dunkelgelben Monohydrat entwässern, dessen Struktur sich wahrscheinlich direkt von der des Dihydrats durch Entfernen des Kristallwassers zwischen den Schichten ableiten läßt [6]).

Das gelbe Dihydrat und das gelbe Monohydrat sind mit den entsprechenden Wolframtrioxidhydraten $WO_3 \cdot 2\,H_2O$ und $WO_3 \cdot H_2O$ isotyp.

Während das gelbe $MoO_3 \cdot H_2O$ nach bisherigen Untersuchungen nur durch Entwässern des festen Dihydrats erhalten werden kann, bildet sich das weiße Monohydrat, „weiße Molybdänsäure α-$MoO_3 \cdot H_2O$", durch Ansäuern einer wäßrigen Natriummolybdatlösung bei einem bestimmten Ansäuerungsgrad [7]). Die Struktur besteht aus $MoO_5(OH_2)$-Oktaedern, die über Kanten zu unendlichen Oktaederdoppelketten verknüpft sind. Jedes Oktaeder ist über gemeinsame Kanten mit zwei weiteren Oktaedern verknüpft. Neben den drei Brückensauerstoffatomen hat jedes Mo-Atom zwei endständige Sauerstoff-Atome, sowie als Teil des Koordinationsoktaeders ein koordinatav gebundenes (terminales) H_2O-Molekül. Die Oktaederdoppelketten sind untereinander nur über schwache Wasserstoffbrückenbindungen verknüpft [7]) (Abb. 32).

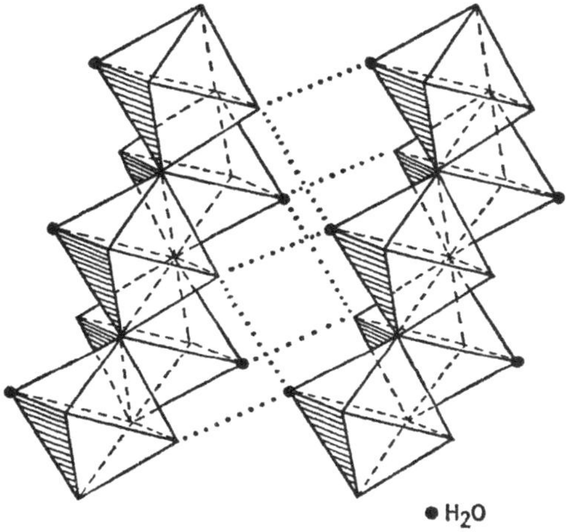

Abb. 32. α-$MoO_3 \cdot H_2O$-Struktur, nach *Böschen* und *Krebs* [7])

Molybdänoxide

Im System Mo – O sind die folgenden Phasen existent: Mo_3O, W_3O-Typ (β-Wolfram-Typ); MoO_2, MoO_2-Typ; MoO_2'; Mo_4O_{11}(I) ($\triangleq MoO_{2,75}$(I)), Hochtemperaturphase; Mo_4O_{11}(II) ($\triangleq MoO_{2,75}$(II)), Tieftemperaturphase; $Mo_{17}O_{47}$ ($\triangleq MoO_{2,765}$), $Mo_{17}O_{47}$-Typ; Mo_5O_{14} ($\triangleq MoO_{2,80}$), Mo_5O_{14} (Θ-Oxid)-Typ; Mo_8O_{23} ($\triangleq MoO_{2,875}$), Mo_8O_{23}-Typ (β-Molybdänoxid-Typ); $Mo_{26}O_{75}$ ($\triangleq MoO_{2,885}$); Mo_9O_{26}(I) ($\triangleq MoO_{2,889}$(I)); Mo_9O_{26}(II) ($\triangleq MoO_{2,889}$(II)); $Mo_{13}O_{38}$ ($\triangleq MoO_{2,923}$); MoO_3(I), Molybdit, Molybdänocker, MoO_3(I)-Typ; MoO_3(II). Das Phasendiagramm Mo – O ist aufgestellt worden [8]).

Die einfachen Vertreter sind MoO_2 und MoO_3. Molybdän(IV)-oxid, MoO_2, entsteht durch Reduktion von MoO_3 mit H_2 unterhalb 470 °C (oberhalb dieser Temperatur erfolgt Reduktion zum Metall) und durch Umsetzung von Mo mit H_2O-Dampf bei 800 °C in Form eines braunvioletten Feststoffs mit kupferartigem Glanz. Einkristalle von MoO_2 wie auch von WO_2 sind durch chemische Transportreaktion erhältlich [9]. Die Struktur des MoO_2 ähnelt derjenigen des Rutils. Sie ist jedoch derart verzerrt, daß starke Mo – Mo-Bindungen vorliegen [10].

Molybdän(VI)-oxid, MoO_3, entsteht beim Rösten vieler Molybdänverbindungen als ein bei Raumtemperatur weißer Feststoff (Fp. (782 ± 5) °C; Kp. 1155 °C, Sublimation). Die Kristallstruktur ist ein sehr seltener Schichtgitter-Typ. Sie besteht aus parallelen Reihen verzerrter MoO_6-Oktaeder, die innerhalb einer Schicht über gemeinsame Kanten in der einen Richtung und über gemeinsame Ecken in der anderen Richtung miteinander verbunden sind; die Schichten sind zweidimensional unendlich [11]. Im MoO_3-Dampf (850 °C) liegen nach massenspektrometrischen Untersuchungen hauptsächlich die polymeren Spezies Mo_3O_9, Mo_4O_{12} und Mo_5O_{15} vor [12].

Eine Reihe von Molybdänoxiden mit einer zwischen MoO_3 und MoO_2 liegenden Zusammensetzung, MoO_x $(2 < x < 3)$, bildet sich z. B. beim Erhitzen von MoO_3 im Vakuum oder durch Reduktion von MoO_3 mit Mo. Bei diesen Oxiden handelt es sich um stabile Phasen ohne ausgedehnte Homogenitätsbereiche. Alle Strukturen dieser Oxide sind aus MoO_6-Oktaedern, MoO_4-Tetraedern und pentagonalen MoO_7-Bipyramiden aufgebaut. Diese Oxide gemischter Valenz gehören zu drei Strukturklassen: ReO_3, MoO_3 und eine Struktur von einem gemischt-polygonalen Typ [13].

Wolframoxide

Im System W – O treten die folgenden Phasen auf: W_3O, W_3O-Typ (β-Wolfram-Typ); WO_2, MoO_2-Typ; $W_{20}O_{50}$ ($\triangleq WO_{2,50}$); $W_{18}O_{49}$ ($\triangleq WO_{2,722}$); $W_{20}O_{58}$ ($\triangleq WO_{2,90}$); $W_{20}O_{59}$ ($\triangleq WO_{2,950}$), $W_{20}O_{59}$-Typ; $W_{25}O_{74}$(I) ($\triangleq WO_{2,96}$(I)), Hochtemperaturphase; $W_{25}O_{74}$(II) ($\triangleq WO_{2,96}$(II)), Tieftemperaturphase; $WO_{2,98}$; WO_{3-x}, Übergang vom WO_3(III)-Typ zum ReO_3-Typ; WO_3(I, II), tetragonal verzerrter ReO_3-Typ, Höchsttemperaturphasen; WO_3(III a); WO_3(III), WO_3(III)-Typ; WO_3(IV); WO_3(V), WO_3(V)-Typ; WO_3(VI). Die im System W – O auftretenden Phasen sind ausführlich diskutiert worden [14]. Eine Untersuchung des Systems MoO_3 – WO_3 liegt vor [15].

Die einfachen Vertreter sind WO_2 und WO_3. Wolfram(IV)-oxid, WO_2, kann durch Reduktion von WO_3 mit H_2 in Gegenwart von H_2O-Dampf bei 800—900 °C als braunes Pulver dargestellt werden oder durch Erhitzen eines Gemisches von WO_3 und W in stöchiometrischem Verhältnis (2 : 1) in einem evakuierten Quarzrohr bei 950 °C. WO_2 ähnelt strukturell und in seinen anderen Eigenschaften dem MoO_2. Unter N_2 schmilzt es bei 1500 bis 1600 °C und siedet bei 1730 °C. Oberhalb 1050 °C ist es merklich flüchtig.

Wolfram(VI)-oxid, WO_3, ist das Endprodukt bei der Verbrennung von W oder Wolframverbindungen (z. B. Sulfide, niedere Oxide) an der Luft. In stöchiometrischer Zusammensetzung ist es zitronengelb. Mehrere polymorphe Modifikationen sind bekannt. Umwandlungsschema für reines WO_3:

$$WO_3(V) \underset{}{\overset{-40°C}{\rightleftharpoons}} WO_3(IV) \overset{\approx 17°C}{\rightleftharpoons} WO_3(III) \underset{310°C}{\overset{310°C}{\rightleftharpoons}} WO_3(III\,a) \underset{730°C}{\overset{740°C}{\rightleftharpoons}} WO_3(II) \overset{\approx 900°C}{\rightleftharpoons} WO_3(I) \underset{1435°C}{\overset{1435°C}{\rightleftharpoons}}$$

Schmelze.

Bei gewöhnlicher Temperatur kristallisiert WO_3 in einem schwach verzerrten ReO_3-Gitter. Bei etwa 1100 °C sublimiert WO_3. Die Sublimationswärme beträgt $\approx$ 460 kJ/mol. Der Dampf enthält die polymeren Spezies W_4O_{12}, W_3O_9, W_3O_8 und W_2O_6.

Beim Erhitzen von WO_3 im Vakuum (1300—1500 °C) und bei der Reduktion von WO_3 mit Wolframpulver (in inerter Atmosphäre) oder mit H_2 entstehen niedere Oxide WO_x $(2 < x < 3)$. Es handelt sich bei ihnen um geordnete Phasen mit definierter Stöchiometrie [16].

Niedere Molybdän- und Wolframoxide MO_x $(2 < x < 3)$ [17]

In der Hochtemperaturphase von Mo_4O_{11} sind $^3/_4$ der Mo-Atome von 6 O-Atomen umgeben und der Rest der Metallatome ist tetraedrisch koordiniert. Man kann die Struktur so ansehen, als ob sie aus Scheiben einer Struktur von der Art des ReO_3 besteht, die durch vierfach koordinierte Mo-Atome verbunden sind. Die Oxide Mo_5O_{14}, $Mo_{17}O_{47}$ und $W_{18}O_{49}$ kristallisieren in einem anderen Gitter. Sie sind aus $Mo(W)O_6$-Oktaedern und pentagonalen $Mo(W)O_7$-Bipyramiden aufgebaut.

Die Oxide Mo_8O_{23} und Mo_9O_{26}, eine Anzahl gemischter Oxide und $W_{20}O_{58}$ bilden eine Gruppe, die auf einem gemeinsamen Strukturprinzip basiert. In der ReO_3-Struktur sind die Oktaeder nur über Ecken verbunden. Wenn dort eine Kantenverknüpfung in regelmäßigen Abständen auftritt, entstehen Reihen von verwandten Strukturen, die so angesehen werden können, als seien sie aus Scheiben einer Struktur von der Art des ReO_3 aufgebaut. Kompliziertere Anordnungen würden Oktaeder enthalten, die zu Gruppen von 4, 6 usw. ReO_3-Ketten gehören, und die äquatoriale Kanten gemeinsam haben mit den Formeln M_nO_{3n-1} bzw. M_nO_{3n-2}. Der Wert n hängt dabei von dem Abstand ab, in dem sich die Verknüpfung der Kanten wiederholt.

Beispiele von binären Oxiden mit diesen Strukturen sind Mo_8O_{23} und Mo_9O_{26} in der M_nO_{3n-1}-Reihe und $W_{20}O_{58}$ und $W_{40}O_{118}$ in der M_nO_{3n-2}-Reihe. Höhere Mitglieder der M_nO_{3n-1}-Reihe findet man bei gemischten (Mo, W)-Oxiden.

Eine andere Reihe von Molybdänoxiden, Mo_nO_{3n-m+1} ($n = 13$, $m = 2$; $n = 18$, $m = 3$; $n = 26$, $m = 4$) basiert auf der MoO_3-Struktur [18].

Wolfram- und Molybdänbronzen

*Wolfram*bronzen sind nichtstöchiometrische Feststoffe von bronzeartigem Aussehen. Im Falle der Natriumverbindungen besitzen sie die Formel

Na_xWO_3 ($0 < x \leq 1$). Sie bilden sich z. B. bei der Reduktion von Natriumpolywolframat mit H_2 bei Rotglut. Ihre Farbe variiert stark mit der Zusammensetzung, von goldgelb bei $x \approx 0{,}9$ bis blauviolett bei $x \approx 0{,}3$. Wolframbronzen mit $x > 0{,}3$ sind äußerst reaktionsträge und besitzen halbmetallische Eigenschaften, insbesondere Metallglanz und gute elektrische Leitfähigkeit, wobei Elektronen die Ladungsträger sind. Diejenigen mit $x < 0{,}3$ sind Halbleiter. Strukturell können diese Verbindungen als Natrium-Unterschuß-$NaWO_3$-Phasen mit Perowskitstruktur angesehen werden [19]). Auch Natrium-Molybdänbronzen sind bekannt, z. B. $Na_{0,9}Mo_6O_{17}$ [20]).

Die Wasserstoff-*Wolfram*bronzen sind wie die analogen Natrium-Verbindungen nichtstöchiometrische Feststoffe mit der allgemeinen Formel H_xWO_3 ($0 < x < 0{,}6$). Sie entstehen z. B. bei der Umsetzung von WO_3 mit naszierendem Wasserstoff und bei der elektrochemischen Reduktion von WO_3 in saurem Medium [22]). Die so gebildeten Phasen ähneln den Natrium-Wolframbronzen sowohl strukturell als auch im Hinblick auf ihre metallische Leitfähigkeit. Es treten zwei tetragonale ($0{,}15 < x < 0{,}23$ und $0{,}33 < x < 0{,}5$) und eine kubische Phase ($x > 0{,}5$) auf. Bei der kubischen Phase handelt es sich nach Neutronenbeugungsmessungen [23]) um ein nichtstöchiometrisches Oxidhydroxid $WO_{3-x}(OH)_x$; jedes H-Atom ist durch eine OH-Bindung an Sauerstoff gebunden, das W – O-Netzwerk entspricht einem verzerrten ReO_3-Gitter. Die Bildungsenthalpien der Wasserstoff-*Wolfram*bronzephasen (Bildung aus WO_3 (f) und H_2 (g)) betragen bei 25 °C $-9{,}6 \pm 0{,}8$ kJ/mol für $H_{0,35}WO_3$ und $-4{,}8 \pm 0{,}6$ kJ/mol für $H_{0,18}WO_3$ [24]).

Einfache Molybdate und Wolframate und Doppeloxide

Aus den Lösungen von MoO_3 und WO_3 in Alkalilaugen lassen sich die monomeren Molybdate und Wolframate auskristallisieren. Sie besitzen die allgemeinen Formeln $M_2^IMoO_4$ und $M_2^IWO_4$ und enthalten die diskreten tetraedrischen Ionen MoO_4^{2-} und WO_4^{2-} [25]). Beim langsamen Abkühlen einer Schmelze, die eine Mischung von Alkalicarbonat und MoO_3 im Molverhältnis 1 : 4 enthält, bilden sich Kristalle von Doppeloxiden. Diese enthalten MoO_6-Polyeder, welche zu Ketten miteinander verknüpft sind. Die Stabilität eines bestimmten Strukturtyps hängt dabei von der Kationengröße ab. Wolframate können eine andere Struktur als Molybdate besitzen. So sind im Gitter von $K_2Mo_4O_{13}$ Ketten vorhanden, während im $K_2W_4O_{13}$ WO_6-Oktaeder auftreten, die über Ecken zu sechsgliedrigen Ringen verbunden sind, wobei die K^+-Ionen in den sich so im Kristall ausbildenden Röhren liegen [26]).

Literatur

1. *Wilhelmi, K.-A.*, Acta chem. Scand. **23**, 419 (1969).
2. *Kihlborg, L.*, *Hägström, G.* und *Rönnquist, A.*, Acta chem. Scand. **15**, 1187 (1961); *Magnéli, A.*, Acta chem. Scand. **10**, 781 (1958); *Glemser, O.*, *Hau-*

schild, U. und *Lutz, S.*, Z. anorg. allg. Chem. **269,** 93 (1952); *Glemser, O.* und *Lutz, G.*, Z. anorg. allg. Chem. **264,** 17 (1951).
3. *Cotton, F. A.* und *Wilkinson, G.*, Anorganische Chemie, 3. Aufl., S. 1006, 1007. Übersetzt von *H. P. Fritz* (Weinheim/Bergstr. 1974).
4. *Maričić, S.* und *Smith, J. A. S.*, J. Chem. Soc. (London) 886 (1958); *Schwarzmann, E.* und *Glemser, O.*, Z. anorg. allg. Chem. **312,** 45 (1961); *Schröder, F. A.*, *Krebs, B.* und *Mattes, R.*, Z. Naturforschg. **27 b,** 22 (1972).
5. *Krebs, B.*, Acta crystallogr. (Copenhagen), Sect. B **28,** 2222 (1974); *Åsbrink, S.* und *Brandt, B. G.*, Chemica Scripta **1,** 169 (1971).
6. *Krebs, B.*, Acta crystallogr. (Copenhagen), Sect. B **28,** 2222 (1974); *Günter, J. R.*, J. Solid State Chem. **5,** 354 (1972).
7. *Böschen, I.* und *Krebs, B.*, Acta crystallogr. (Copenhagen), Sect. B **30,** 1795 (1974).
8. *Chang, L. L. Y.* und *Phillips, B.*, J. Amer. Ceram. Soc. 527 (1969); *Phillips, B.* und *Chang, L. L. Y.*, Trans. AIME, *1965,* 1433.
9. *Schäfer, H.*, *Grofe, T.* und *Trenkel, M.*, J. Solid State Chem. **8,** 14 (1973).
10. *Brandt, B. G.* und *Skapski, A. C.*, Acta chem. Scand. **21,** 661 (1967).
11. *Westman, S.* und *Magnéli, A.*, Acta chem. Scand. **11,** 1587 (1957).
12. *Berkowitz, J.*, *Inghram, M. G.* und *Chupka, W. A.*, J. Chem. Physics **26,** 842 (1957).
13. *Robin, M. B.* und *Day, P.*, Mixed Valence Chemistry — a Survey and Classification, in: Adv. Inorg. Radiochem. **10,** p. 335 (New York, 1967).
14. *Magnéli, A.*, in: The Chemistry of Extended Defects in Non-metallic Solids; Editor: *Eyring, L.*, *O'Keeffe, M.*, p. 148—163 (Amsterdam 1970); *Allpress, J. G.*, *Tilley, R. J. D.* und *Sienko, M. J.*, J. Solid State Chem. **3,** 440 (1971).
15. *Gloeikler, G.* und *Gleitzer, C.*, C. R. hebd. Séances Acad. Sci., Sér. C **276,** 499 (1973).
16. *Gebert, E.* und *Ackermann, R. J.*, Inorg. Chem. (Washington) **5,** 136 (1966).
17. *Wells, A. F.*, Structural Inorganic Chemistry, 4. Aufl., S. 472—475 (Oxford 1975).
18. *Kihlborg, L.*, Ark. Kemi **21,** 443 (1963).
19. *Dickens, D. G.* und *Whittingham, M. S.*, Quart. Rev. (chem. Soc., London) **22,** 30 (1968).
20. *Gatehouse, B. M.* und *Lloyd, D. J.*, Chem. Commun. 13 (1971).
21. *Schwarzmann, E.* und *Birkenberg, R.*, Z. Naturforschg. **26 b,** 1069 (1971); *Dickens, P. G.* und *Hurditch, R. J.*, Nature (London) **215,** 1266 (1967); *Glemser, O.* und *Naumann, C.*, Z. anorg. allg. Chem. **265,** 288 (1951).
22. *Siclet, G.*, *Chevrier, J.*, *Lenoir, J.* und *Eyraud, C.*, C. R. hebd. Séances Acad. Sci., Sér. C **277,** 227 (1973).
23. *Wisemann, P. J.* und *Dickens, P. G.*, J. Solid State Chem. **6,** 374 (1973).
24. *Dickens, P. G.*, *Moore, J. H.* und *Neild, D. J.*, J. Solid State Chem. **7,** 241 (1973).
25. *Kools, F. X. N. M.*, *Koster, A. S.* und *Riek, G. D.*, Acta crystallogr. (Copenhagen), Sect. B **26,** 1974 (1970); *Gatehouse, B. M.* und *Leverett, P.*, J. Chem. Soc. (London), Sect. A 849 (1969).
26. *Gatehouse, B. M.* und *Leverett, P.*, J. Chem. Soc. (London), Sect. A 2107 (1971).

13. Hydroxide und Oxide des Mangans, „Permangansäure"

Hydroxide

Mangan(II)-hydroxid $Mn(OH)_2$

$Mn(OH)_2$ kommt als Mineral Pyrochroit vor. Unter Ausschluß von Sauerstoff kann es durch Fällung von Mangan(II)-Salzlösungen mit Alkali erhalten werden. $Mn(OH)_2$ besitzt eine Schichtstruktur vom CdJ_2(I)-Typ [1]) und ist isostrukturell mit $Ca(OH)_2$. Vermutlich existiert auch eine orthorhombische Modifikation von Pyrochroit und es liegen Angaben über die Synthese einer orthorhombischen Modifikation vor [2]).

$Mn(OH)_2$ ist nur schwach amphoter. $Na_2Mn(OH)_4$ bildet sich beim Erhitzen stöchiometrischer Gemische von NaOH und $Mn(OH)_2$ [3]). Die thermodynamischen Daten von $Mn(OH)_2$ sind [4]): $\Delta H^\circ_f = -699$ kJ/mol, $\Delta G^\circ_f = -619$ kJ/mol.

Eine Verbindung der Zusammensetzung $Mn_5(OH)_{11}$ entspricht der Formel $4\,Mn(OH)_2 \cdot Mn(OH)_3$. Sie ist möglicherweise auch als $4\,Mn(OH)_2 \cdot MnO(OH)$ zu formulieren und kristallisiert in einem Gitter vom $Co_5(OH)_{11}$-Typ. Weitere Phasen mit Mangan in verschiedenen Oxidationsstufen sind $Mn^{IV}_{1-x}Mn^{II}_xO_{2-2x}(OH)_{2x}$, Nsutit (s. MnO_2(III)); $(Mn^{II}, Mn^{III})_3(O, OH)_4$, Hydrohausmannit; $Mn_2O_3(OH)$, Groutellit.

Mangan(III)-oxidhydroxid MnO(OH)

Vermutlich existieren von MnO(OH) mindestens drei Modifikationen. MnO(OH)(I), Groutit, „α-MnO(OH)", besitzt ein Gitter vom AlO(OH)(I)-Typ (Diaspor-Typ, α-AlO(OH)-Typ) [5]). MnO(OH)(II), Feitknechtit, „β-MnO(OH)", kristallisiert wahrscheinlich tetragonal [6]). MnO(OH)(III), Manganit, „γ-MnO(OH)", besitzt eine Struktur, die eine Überstruktur auf der Grundlage des Markasit (FeS_2)-Typs ist [7]). MnO(OH)(IV), „γ'-MnO(OH)", ist vermutlich dem MnO(OH)(I) ähnlich [8]).

Hexamanganato(VII)-mangan(IV)-säure $(H_3O)_2[Mn(MnO_4)_6] \cdot 11\,H_2O$

Zur Darstellung dieser „Pseudopermangansäure" engt man eine wäßrige, durch Umsetzung von $Ba(MnO_4)_2$ mit H_2SO_4 im stöchiometrischen Verhältnis hergestellte Permangansäure-Lösung bei -40 °C/10^{-3} Torr ein. Die tiefviolette Verbindung läßt sich rein in großen Kristallen isolieren [9]).

Nach der Röntgen-Strukturanalyse [9]) bei -120 °C liegt eine komplexe Hexamanganato(VII)-mangan(IV)-säure vor mit der exakten Formel $(H_3O)_2[Mn(MnO_4)_6] \cdot 11\,H_2O$. Im Anion $[Mn(MnO_4)_6]^{2-}$ ist ein oktaedrisch von Brücken-O-Atomen umgebenes Mn^{IV}-Atom mit sechs $Mn^{VII}O_4$-Tetraedern — unter trigonal-prismatischer Anordnung der Mn^{VII} relativ zum zentralen Mn^{IV} — koordiniert. Das $[Mn(MnO_4)_6]^{2-}$-Ion (Abb. 33) repräsentiert einen neuen Typ eines „Heteropolyanions", in dem beide Komponenten vom gleichen Element in verschiedenen Oxidationsstufen stammen. Die überschüssigen Protonen liegen als H_3O^+-Ionen vor, die über ein Wasserstoffbrückensystem mit den übrigen H_2O-Molekülen des Gitters verknüpft sind.

Die Verbindung ist thermisch sehr empfindlich und zersetzt sich oberhalb $-4\ °C$ hauptsächlich zu Mn_2O_7, Mangandioxiden und Wasser. Sie reagiert heftig mit oxidierbaren Substanzen [9]).

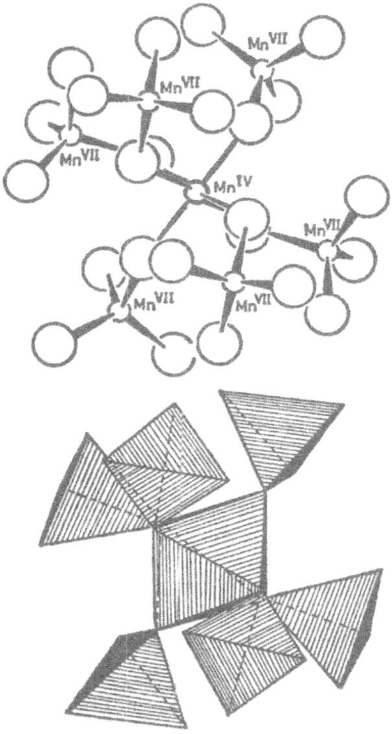

Abb. 33. Struktur des Anions $[Mn(MnO_4)_6]^{2-}$ in fester Hexamanganato(VII)-mangan(IV)-säure $(H_3O)_2[Mn(MnO_4)_6] \cdot 11\ H_2O$, nach *Krebs* und *Hasse* [9])

Oxide

Mangan(II)-oxid MnO

MnO(I) bildet sich als graugrünes bis dunkelgrünes Pulver beim Erhitzen eines geeigneten Manganoxids oder Mangan(II)-Salzes mit H_2 bei Temperaturen $< 1200\ °C$. Diese Hochtemperaturphase kristallisiert in einem NaCl-Gitter. Bei der Néel-Temperatur (117,9 K) und darunter wird in der Tieftemperaturphase, MnO(II), wegen antiferromagnetischer Ordnung eine verzerrte rhomboedrische Form vom NiO(II)-Typ beobachtet [10]. MnO(I) wandelt sich bei Drücken $70 < p < 120$ kbar in eine Hochdruckphase MnO(III) um, die in einem tetragonal verzerrten NaCl-Gitter kristallisiert [11].

Mangan(II, III)-oxid Mn_3O_4

Mn_3O_4 bildet sich beim Erhitzen aller Oxide und Oxidhydroxide des Mangans an der Luft auf etwa 1000 °C. Es kommt als Mineral Hausmannit vor. Diese Tieftemperaturphase, Mn_3O_4(II), besitzt eine verzerrte normale Spinell-Struktur [12]. Die Hochtemperaturphase, Mn_3O_4(I), kristallisiert in einem Gitter vom $MgAl_2O_4$-Typ (Spinell-Typ) [13]. Nach Neutronenbeugungsdaten liegt $Mn^{II}Mn_2^{III}O_4$ vor [14]. Mn_3O_4(II) wandelt sich bei 120 kbar und 900 °C in eine Hochdruckphase, Mn_3O_4(III), um, die ein Gitter vom $CaMn_2O_4$(I)-Typ (Marokit-Typ) besitzt [15]. Beim Mn_3O_4(IV) ist die Zusammensetzung unsicher. Der Zusammenhang mit den anderen Manganoxiden ist unklar. Eventuell handelt es sich um eine neue Mn_3O_4-Phase [16].

Gasförmiges Mn_3O_4 existiert in einer mehrkernigen Form [17].

Mangan(III)-oxid Mn_2O_3

Mn_2O_3(I), „α-Mn_2O_3", entsteht bei der Zersetzung von käuflichem MnO_2 an der Luft bei 800 °C. Mn_2O_3(II) tritt als Zwischenphase bei der Umwandlung von α-MnO(OH) (Groutit) in β-MnO_2 (Pyrolusit) auf. Mn_2O_3(III), „γ-Mn_2O_3", bildet sich beim Erhitzen des sog. γ-MnO_2 im Vakuum bei 500 °C.

Mn_2O_3(I), die Tieftemperaturphase, besitzt ein Gitter vom Mn_2O_3(I)-Typ („C"-Typ der SE_2O_3) [18]. Die Hochtemperaturphase Mn_2O_3(I') entspricht dem wahren Prototyp $(Fe, Mn)_2O_3$(I) (Bixbyit) und kristallisiert ebenfalls im Mn_2O_3(I)-Typ [19]. Mn_2O_3(II) besitzt ein Korundgitter (α-Al_2O_3-Typ) [20]. Die Struktur von Mn_2O_3(III) ähnelt der von Fe_2O_3(IV).

Mangan(II, IV)-oxid Mn_5O_8

Dieses Oxid bildet sich bei der Oxidation von Mn_3O_4 in N_2/O_2-Mischungen bei 250 bis 550 °C. Mn_5O_8 besitzt ein Gitter vom $Cd_2Mn_3O_8$-Typ. Die Valenzstruktur ist $Mn_2^{II}Mn_3^{IV}O_8$ [21].

Mangan(IV)-oxid

Neben dem Dioxid, das als Mineral Pyrolusit auftritt, sind im Laboratorium zahlreiche Präparate dargestellt oder als Mineral in der Natur gefunden worden, welche die ungefähre Zusammensetzung MnO_2 besitzen. Die verschiedenen Formen sind häufig als polymorphe Modifikationen von MnO_2 beschrieben worden. Röntgenbeugungsuntersuchungen haben jedoch gezeigt, warum das System MnO_2 so komplex ist und warum verschiedene Strukturen auftreten, wenn das Oxid aus Lösungen, die verschiedenartige Ionen enthalten, dargestellt wird. Nur Pyrolusit (MnO_2(II)), Nsutit (MnO_2(III)) und Ramsdellit (MnO_2(VI)) sind echte MnO_2-Phasen. Die Reaktionswege im System $MnO - O - H_2O$ sind in Abb. 34 aufgeführt [22].

MnO_2(I), Kryptomelan, „α-MnO_2" (wahrscheinlich $(H_2O)_{\leq 2}Mn_8O_{16}$), kristallisiert in einem eigenen Strukturtyp, MnO_2(I)-Typ [23]). Diese Modifikation ist durch zeolithisch gebundenes H_2O stabilisiert. MnO_2(II), Pyrolusit, „β-MnO_2", besitzt ein Gitter vom TiO_2(III)-Typ (Rutil-Typ) [24]). MnO_2(III),

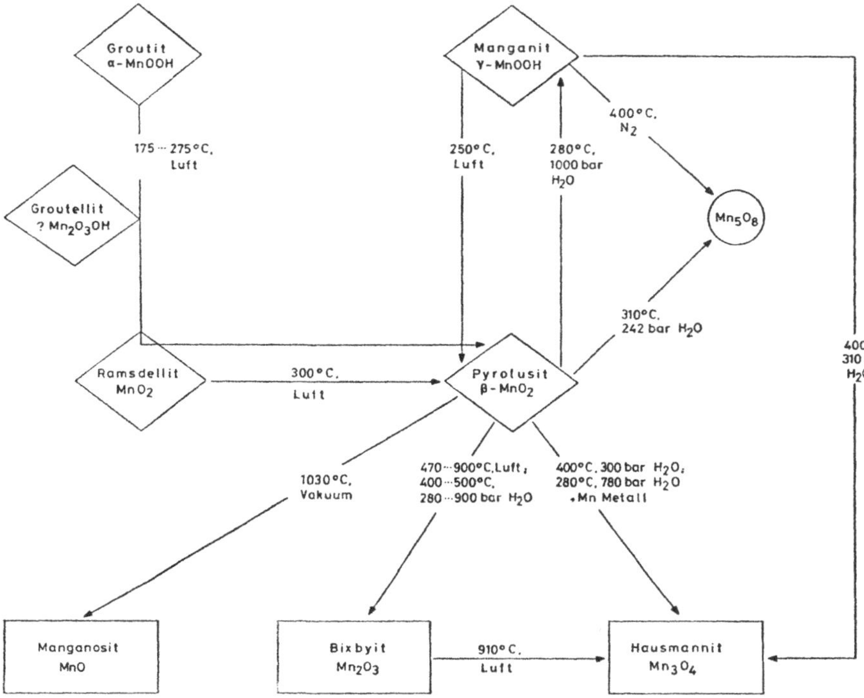

Abb. 34. Reaktionswege im System $MnO-O-H_2O$ [22]). Rechtecke kennzeichnen Strukturen, die auf kubisch dichten Packungen aufbauen; Rauten kennzeichnen Strukturen, die auf hexagonal dichten Packungen aufbauen. Durch Kreise gekennzeichnete Systeme weisen nur zweidimensional dichte Packungen auf.

Nsutit, „γ-MnO_2", hat eine Mischstruktur aus Bauelementen von Ramsdellit (MnO_2(V)) und Pyrolusit (MnO_2(II)) [25]). Beim MnO_2(IV), „δ-MnO_2", handelt es sich um eine Verbindung der Zusammensetzung $Mn_7O_{13} \cdot 5\,H_2O$ bzw. $Na_4Mn_{14}O_{27} \cdot 9\,H_2O$ [26]). MnO_2(V), „ε-MnO_2", kristallisiert hexagonal [27]). MnO_2(VI), Ramsdellit, „ζ-MnO_2", kristallisiert in einem Gitter vom („α")-AlO(OH)(I)-Typ (Diaspor-Typ). In einigen natürlichen Proben von MnO_2(II) wurden neben MnO_2(II)-Röntgenbeugungsreflexen weitere Reflexe gefunden, die auf die Existenz einer Phase MnO_2(VII) hindeuten. Die Zusammensetzung und Beziehung zu anderen Mn–O-Phasen ist unbekannt.

MnO_2 findet Verwendung als Katalysator und als Komponente von Trockenbatterien.

Mangan(VII)-oxid Mn_2O_7

Mn_2O_7 entsteht als Öl mit einem im reflektierten Licht grünen metallischen Glanz bei der Einwirkung von konzentrierter Schwefelsäure auf sehr reines $KMnO_4$. Die Verbindung ist äußerst explosiv [28]. Sie läßt sich in CCl_4 oder Chlorfluorkohlenstoffen aufnehmen, in denen sie dann halbwegs stabil und handhabbar ist.

Doppeloxide

Es sind zahlreiche Doppeloxide der allgemeinen Formel $A_xMn_yO_z$ bekannt, die neben Mangan und Sauerstoff noch ein anderes Atom enthalten. Die Oxidationsstufe des Mangans in diesen Verbindungen ist entweder zwei, drei oder vier. Beispiele sind: $Mn_{1-x}Li_xO$ (NaCl-Typ), $(Mn_{1-x}Ga_x)_2O_3$(I) (Mn_2O_3(I)-Typ, „C-Typ der SE_2O_3"), $(Mn_{1/3}U_{2/3})O_2$ (CaF_2-Typ mit statistisch verteilten Me), $(Mn, Fe)_3O_4$ [29] und $BaMnO_3$ [30]. In weiteren Verbindungen tritt Mangan in zwei verschiedenen Oxidationsstufen auf [14].

Literatur

1. *Christensen, A. N.*, Acta chem. Scand. **19**, 1765 (1965).
2. *Moore, T. E.*, *Ellis, M.* und *Selwood, P. W.*, J. Amer. Chem. Soc. **72**, 856 (1950).
3. *Scholder, R.* und *Schwochow, F.*, Angew. Chem., Int. Edit. **5**, 1047 (1966).
4. *Zordon, T. A.* und *Hepler, L. G.*, Chem. Reviews **68**, 737 (1968).
5. *Glasser, L. S. D.* und *Ingram, L.*, Acta crystallogr. (Copenhagen), Sect. B **24**, 1233 (1968).
6. *Feitknecht, W.* und *Marti, W.*, Helv. chim. Acta **28**, 129 (1945); ibid. **28**, 149 (1945); *Bricker, O.*, Amer. Mineralogist **50**, 1296 (1965).
7. *Dachs, H.*, Z. Kristallogr., Kristallgeometr., Kristallphysik, Kristallchem. **118**, 303 (1963).
8. *Feitknecht, W.*, *Oswald, H. R.* und *Feitknecht-Steinmann, U.*, Helv. chim. Acta **43**, 1947 (1960).
9. *Krebs, B.* und *Hasse, K.-D.*, Angew. Chem. **86**, 647 (1974).
10. *Bloch, D. B.*, *Charbit, P.* und *Georges, R.*, C. R. hebd. Séances Acad. Sci., Sér. B **266**, 430 (1968).
11. *Clendenen, R. L.* und *Drickamer, H. G.*, J. Chem. Physics **44**, 4223 (1966); *Drickamer, H. G.*, *Lynch, R. W.*, *Clendenen, R. L.* und *Perez-Albuerne, E. A.*, Solid State Physics **19**, 135 (1966).
12. *Boucher, B.*, *Buhl, R.* und *Perrin, M.*, J. Physics Chem. Solids **32**, 2429 (1971); J. appl. Physics **42**, 1615 (1971).
13. *Irani, K. S.*, *Sinha, A. P. B.* und *Biswas, A. B.*, J. Physics Chem. Solids **23**, 711 (1962); *Driessens, F. C. M.*, Inorg. chim. Acta (Padova) **1**, 193 (1967).
14. *Robin, M. B.* und *Day, P.*, Adv. Inorg. Radiochem. (edited by *H. J. Emeléus* und *A. G. Sharpe*) **10**, p. 248 (New York 1967).
15. *Reid, A. F.* und *Ringwood, A. E.*, Earth Planet. Sci. Lett. **6**, 205 (1969); *Ringwood, A. E.*, Phys. Earth Planet. Interiors **3**, 109 (1970).

16. *Klingsberg, C.* und *Roy, R.*, J. Amer. Ceram. Soc. **43,** 620 (1960).
17. *Glemser, O.* und *Weizenkorn, H.-H.*, Z. anorg. allg. Chem. **319,** 266 (1963).
18. *Norrestam, R.*, Acta chem. Scand. **21,** 2871 (1967).
19. *Geller, S.* und *Espinosa, G. P.*, Physic. Rev. B **1,** 3763 (1970); *Geller, S.*, Acta crystallogr. (Copenhagen), Sect. B **27,** 821 (1971).
20. *Lima-De-Faria, J.* und *Lopes-Vieira, A.*, Mineralog. Mag. **33,** 1024 (1964).
21. *Oswald, H. R.* und *Wampetich, M. J.*, Helv. chim. Acta **50,** 2023 (1967).
22. *Dent Glasser, L. S.* und *Smith, I. B.*, Mineralog. Mag. **36,** 976 (1968).
23. *Kondrashev, J. D.* und *Zaslavskij, A. I.*, Izvest. Akad. Nauk SSSR, Ser. fiz. **15,** 179 (1951).
24. *Rogers, D. B.*, *Shannon, R. D.*, *Sleight, A. W.* und *Gillson, J. L.*, Inorg. Chem. (Washington) **8,** 841 (1969).
25. *Giovanoli, R.* und *Stähli, E.*, Chimia (Aarau, Schweiz) **24,** 49 (1970).
26. *Glemser, O.*, *Gattow, G.* und *Meisiek, H.*, Z. anorg. allg. Chem. **309,** 1 (1961).
27. *Kondrashev, J. D.* und *Zaslavskij, A. I.*, Izvest. Akad. Nauk SSSR, Ser. fiz. **15,** 179 (1951); *Pons, L.* und *Brenet, J.*, C. R. hebd. Séances Acad. Sci. **260,** 2483 (1965).
28. *Frigerio, N. A.*, J. Amer. Chem. Soc. **91,** 6200 (1969).
29. *Ishii, M.*, *Nakahira, M.* und *Yamanaka, T.*, Solid State Commun. **11,** 209 (1972).
30. *Christensen, A. N.* und *Ollivier, G.*, J. Solid state Chem. **4,** 131 (1972).

14. Pertechnetium- und „Perrheniumsäure", Oxide von Tc und Re

Pertechnetiumsäure $HTcO_4$

Technetium(VII)-Säure bildet sich in Lösung, wenn Tc_2O_7 in Wasser gelöst wird. Sorgfältige Verdampfung führt letztlich zu dunkelroten Kristallen der freien Säure $HTcO_4$ [1]). Pertechnetiumsäure ist eine starke Säure.

Technetiumoxide

Die Existenz der Oxide TcO_2 und Tc_2O_7 ist gesichert. Hinweise auf eine Phase TcO_x ($0 < x < 2$) liegen vor [2]).

Technetium(IV)-oxid TcO_2

Dieses Oxid ähnelt in seiner Erscheinung und seinem Verhalten dem Rhenium-Analogen. Es bildet sich bei der Zersetzung von NH_4TcO_4 bei 700—750 °C in einem N_2-Strom. TcO_2 kristallisiert in einem Gitter vom MoO_2-Typ [3]).

Technetium(VII)-oxid Tc_2O_7

Tc_2O_7 bildet sich bei der Verbrennung von Tc-Metall mit O_2 bei 400 °C in einem geschlossenen System unter extremem Ausschluß von Feuchtigkeit. Im Kristallgitter liegen zentrosymmetrische Tc_2O_7-Moleküle mit tetraedrischer Koordination des Metalls und linearer Tc—O—Tc-Brücke vor. Tc—O-Bindungsabstände: 1,840 (Brücke), 1,658, 1,684 und 1,706 Å [4])· Damit sind

Struktur und Koordinationsverhältnisse der Kettenstruktur des CrO_3 und den Molekülstrukturen von RuO_4 und OsO_4 ähnlicher als der polymeren Schichtstruktur des Re_2O_7 [4]).

Tc_2O_7 ist ein hellgelber Feststoff (Fp. 119,5 °C; Kp. 310,6 °C), der zu einer viskosen gelben Flüssigkeit schmilzt. Das Oxid ist sehr hygroskopisch und löst sich leicht in Wasser unter Bildung einer Lösung von Pertechnetium-Säure. Die Bildungswärme von Tc_2O_7 $\Delta H^\circ_f = -1113 \pm 11$ kJ/mol [5]).

Doppeloxide

Doppeloxide mit drei-, vier-, fünf-, sechs- und siebenwertigem Rhenium sind bekannt [2, 6]). Beispiele sind: $NaTcO_2$; Li_2TcO_3 (Li_2SnO_3-Struktur); Na_2TcO_3 (Na_2ReO_3-Struktur); Na_4TcO_4 (Na_4SnO_4-Struktur); Tc-haltige Spinelle, in denen Tc die oktaedrischen Positionen besetzt: $(Tc_{0,4}Ti_{0,6})O_2$ mit Rutilstruktur; $SrTcO_3$ (leicht verzerrtes Perowskit-Gitter); $BaTcO_3$ (hexagonale $BaTiO_3$-Struktur); $PbTcO_3$ (Pyrochlorstruktur); $Sm_2Tc_2O_7$ (Pyrochlorstruktur); Li_3TcO_4 und $NaTcO_3$; Li_4TcO_5 und Li_6TcO_6; Na_3TcO_5 und Li_5TcO_6.

Dirheniumdihydratoheptoxid $Re_2O_7(OH_2)_2$

Beim Abkühlen einer konzentrierten Perrheniumsäure-Lösung auf −70 °C bilden sich blaßgelbe, hygroskopische Nadeln der wasserfreien Perrheniumsäure. Diese Säure entsteht auch bei der Reaktion von Re_2O_7 mit Wasserdampf. Die wasserfreie Säure kann aus Nitromethan umkristallisiert werden.

Die Kristallstruktur besteht aus isolierten $O_3Re-O-ReO_3(H_2O)_2$-Molekülen mit einer praktisch linearen Re–O–Re-Brücke. Ein Rheniumatom ist tetraedrisch, das andere oktaedrisch von Sauerstoffatomen umgeben (Abb. 35) [7]).

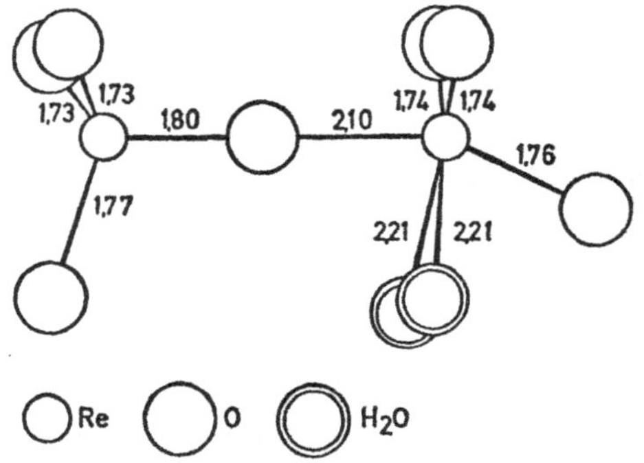

Abb. 35. $Re_2O_7(OH_2)_2$: Einzelnes Molekül. Bindungslängen in Å, nach *Beyer, Glemser, Krebs* und *Wagner* [7])

Es liegen Hinweise auf die Existenz von $ReO_3(OH)$-Molekülen in der Dampfphase über undissoziierter Perrheniumsäure vor [8]. $ReO_3(OH)$ ist eine der maßgebenden Re-haltigen Gasmolekeln beim chemischen Transport von Re, ReO_2, ReO_3 und ReS_2 [9].

Rhenium(III)-oxide

Es existiert ein wasserhaltiges Oxid mit der ungefähren Zusammensetzung $Re_2O_3 \cdot 3\,H_2O$. Wasserfreies Re_2O_3 ist nicht bekannt. Die ternären Phasen $LiReO_2$ und $La_8Re_6O_{21}$ sind dargestellt worden [10].

Rhenium(IV)-oxide

ReO_2(I) kristallisiert in einem Gitter vom ReO_2(I)-Typ = PbO_2(II)-Typ (α-PbO_2-Typ) [11]. Es entsteht aus ReO_2(II) durch Erhitzen auf $300 \leqq T \leqq 1050$ °C. ReO_2(II) besitzt ein Gitter vom MoO_2-Typ [12]. $ReO_2 \cdot 2\,H_2O$ soll mit Scheelit-Struktur auftreten [13]. ReO_2 ist schwach paramagnetisch und zeigt metallische Leitfähigkeit [10].

Rhenium(V)-oxide

Re_2O_5 bildet sich in kristalliner, aber unreiner Form bei der elektrolytischen Reduktion von Perrhenat in 12 M Schwefelsäure [14].

Rhenium(V)-Atome sitzen in den oktaedrischen Lagen der geordneten Perowskite $A_2M^{III}Re^{V}O_6$ (A = Sr, M = Cr; A = Ba, M = Sc, Y und In; A = Sr und Ba, M = ein Lanthanid). $Cd_2Re_2O_7$ besitzt Pyrochlor-Struktur mit Re in oktaedrischer Koordination [10]. Re_2O_{10}-Einheiten treten in den ternären Oxiden $Nd_4Re_2{}^{V}O_{11}$ und $La_4Re_6O_{19}$ auf [10].

Rhenium(VI)-oxide

Durch Reduktion von Re_2O_7 mit CO oder beim Erhitzen des $HReO_4$-Dioxan-Komplexes entsteht kubisches nichtstöchiometrisches ReO_3. Einkristalle von ReO_3 können aus diesen Proben durch chemischen Transport in Gegenwart von J_2, von H_2O und von $J_2 + H_2O$ erhalten werden [9, 10].

ReO_3 kristallisiert in einem Gitter vom ReO_3-Typ [15]. Die Kristallstruktur ist eng verwandt mit dem Perowskitgitter. ReO_3 ist nur schwach paramagnetisch und besitzt metallische Leitfähigkeit [10].

Rheniumbronzen M_xReO_3 (M = Na und K, $x < 1$) und feste Lösungen $W_{1-x}Re_xO_3$ ($0 < x < 1$) sind untersucht worden.

Das hexagonale, nichtstöchiometrische Oxid $Re_{1+x}O_3$ ($0{,}14 < x < 0{,}21$) bildet sich beim Erhitzen einer Mischung von ReO_3 und ReO_2 bei 700 bis 1400 °C und einem Druck von 65 kbar. Die Struktur enthält eine hexagonal dichteste Kugelpackung von Sauerstoffatomen. Ein Drittel der oktaedrischen Lücken ist vollständig mit Rheniumatomen besetzt und ein anderes Drittel (von einer verschiedenen Art) ist nur teilweise gefüllt [16]. Eine vollständige Füllung des letzteren Drittels würde das unbekannte Oxid Re_2O_3 ergeben.

Eine große Anzahl von geordneten Perowskiten $A_2M^{II}Re^{VI}O_6$ (A = Ca, Sr oder Ba; M = Ca, Sr, Ba, Mg, Mn, Fe, Co, Ni, Zn oder Cd) ist synthetisiert worden. Die M^{II}- und Re^{VI}-Kationen besetzen oktaedrische Lagen. Die einzigen Oxide mit Rhenium in tetraedrischen Positionen sind vom Typ $Ba_3M_2^{III}Re^{VI}O_9$ (M = Cr und Fe) und besitzen die hexagonale $BaTiO_3$-Struktur. Li_6ReO_6 tritt in zwei Modifikationen auf [10]).

Rhenium(VII)-oxide

Dirheniumheptoxid, Re_2O_7, bildet sich in Form farbloser bis gelber, sehr dünner Blättchen beim Erhitzen des Metalls oder eines niederen Oxids in Sauerstoff ($\Delta H°_f = -1263$ kJ/mol) [10]).

Re_2O_7 ist polymer. Eine gleiche Anzahl von nahezu regulären ReO_4-Tetraedern und stark verzerrten ReO_6-Oktaedern haben Sauerstoffecken gemeinsam und bilden Schichten parallel zur ac-Ebene. Die Schichten werden durch van der Waals-Kräfte zusammengehalten. Jede Schicht wird aus Ringen von vier Polyedern gebildet senkrecht zur ac-Ebene (Abb. 36) und diese wiederum werden durch Oktaederecken verbunden (Abb. 37) [17]). Diese Struktur ist also vollkommen verschieden von der des festen Tc_2O_7, die isolierte Tc_2O_7-Moleküle enthält.

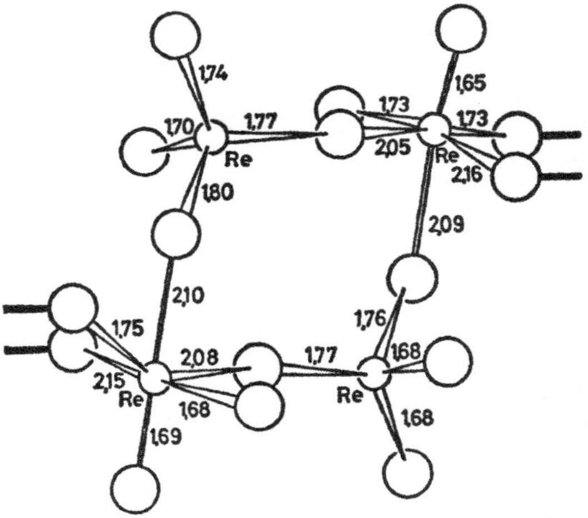

Abb. 36. Ring von vier Polyedern in der Struktur von kristallinem Re_2O_7. Bindungslängen in Å, nach *Krebs, Müller* und *Beyer* [17])

Re_2O_7 schmilzt bei 301,5 °C zu einer farblosen Flüssigkeit von hohem Dampfdruck (Kp. 358,5 °C). Der Dampf enthält diskrete $O_3Re-O-ReO_3$-Moleküle (Symmetrie C_{2v}) [18]). Diese Moleküle liegen auch im flüssigen Zustand vor. Re_2O_7 löst sich in Wasser unter Bildung einer stark sauren Lösung von Perrheniumsäure.

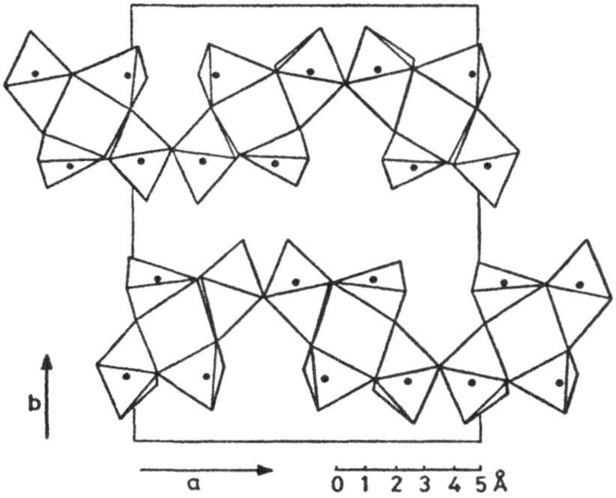

Abb. 37. Projektion der Re_2O_7-Struktur entlang der c-Achse. Verknüpfung der Ringe zu Schichten senkrecht zur Papierebene, nach *Krebs, Müller* und *Beyer* [17])

Die Perrhenate M^IReO_4 besitzen entweder eine tetragonale Scheelit-Struktur (M = Na, K, Rb, NH_4 und Ag) oder eine orthorhombische Pseudo-scheelit-Struktur (M = Cs und Tl). Tetragonale Hochtemperaturformen sind von $CsReO_4$ und $MReO_4$ bekannt [10]).

Literatur

1. *Boyd, G. E., Cobble, J. W., Wilson, C. M.* und *Smith, W. T.*, J. Amer. Chem. Soc. **74,** 556 (1952).
2. *Muller, O., White, W. B.* und *Roy, R.*, J. Inorg. Nuclear Chem. **26,** 2075 (1964).
3. *Rogers, D. B., Shannon, R. D., Sleight, A. W.* und *Gillson, J. L.*, Inorg. Chem. (Washington) **8,** 841 (1969).
4. *Krebs, B.*, Z. anorg. allg. Chem. **380,** 146 (1971); Acta crystallogr. (Copenhagen), Sect. A **25,** 104 (1969); Angew. Chem. **81,** 328 (1969); Angew. Chem., Int. Edit. **8,** 381 (1969).
5. *Cobble, J. W., Smith, W. T.* und *Boyd, G. E.*, J. Amer. Chem. Soc. **75,** 5777 (1953).
6. *Keller, C.* und *Kenellakopulos, B.*, J. Inorg. Nuclear Chem. **27,** 787 (1965).
7. *Beyer, H., Glemser, O., Krebs, B.* und *Wagner, G.*, Z. anorg. allg. Chem. **376,** 87 (1970).
8. *Glemser, O., Müller, A.* und *Schwarzkopf, H.*, Z. anorg. allg. Chem. **334,** 21 (1964).
9. *Schäfer, H.*, Z. anorg. allg. Chem. **400,** 253 (1973); *Pearsall, T.*, J. Crystal Growth (Amsterdam) **20,** 192 (1973).
10. *Rouschias, G.*, Chem. Reviews **74,** 531 (1974).
11. *Magnéli, A.*, Acta chem. Scand. **11,** 28 (1957).
12. *Tribalat, S., Jungfleisch, M.-L.* und *Delafosse, D.*, C. R. hebd. Séances Acad. Sci. **259,** 2109 (1964); *Rogers, D. B., Shannon, R. D., Sleight, A. W.* und *Gillson, J. L.*, Inorg. Chem. (Washington) **8,** 841 (1969).

13. *Coeffier, G., Traore, K.* und *Brenet, F.*, C. R. hebd. Séances Acad. Sci. **253**, 103 (1961).
14. *Tribalat, S., Delafosse, D.* und *Piolet, C.*, C. R. hebd. Séances Acad. Sci. **261**, 1008 (1965).
15. *Magnéli, A.*, Acta chem. Scand. **11**, 28 (1957); *Hyde, B. G.* und *O'Keeffe, M.*, Acta crystallogr. (Copenhagen), Sect. A **29**, 243 (1973).
16. *Jeitschko, W.* und *Sleight, A. W.*, J. Solid State Chem. **4**, 324 (1972).
17. *Krebs, B., Müller, A.* und *Beyer, H. H.*, Inorg. Chem. (Washington) **8**, 436 (1969); *Krebs, B., Müller, A.* und *Beyer, H. H.*, Chem. Commun. **1968**, 263.
18. *Beattie, I. R.* und *Ozin, G. A.*, J. Chem. Soc. (London), Sect. A 2615 (1969); *Spoliti, M.* und *Stafford, F. E.*, Inorg. chim. Acta (Padova) **2**, 301 (1968).

15. Hydroxide und Oxide von Fe, Co und Ni

Eisenhydroxide

Eisen(II)-hydroxid, $Fe(OH)_2$, bildet sich in Form eines weißen, flockigen Niederschlags, wenn Fe(II)-Salzlösungen unter Luftausschluß mit Alkalien versetzt werden. Es kristallisiert in einem Gitter vom CdJ_2(I)-Typ. Die Bildungsenthalpie (25 °C) beträgt -568 kJ/mol. Das magnetische Moment (25 °C) beläuft sich auf 5,22 B.M. $Fe(OH)_2$ zeigt leicht amphoteres Verhalten. Beim Kochen 50%iger Natronlauge mit fein verteiltem Eisen und anschließendem Abkühlen erhält man feine, blaugrüne Kristalle des $Na_4[Fe(OH)_6]$.

Eisen(III)-oxidhydroxid, FeO(OH), tritt in mehreren Modifikationen auf: FeO(OH)(I), Goethit, „α-FeO(OH)", AlO(OH)(I)-Typ (Diaspor-Typ); FeO(OH)(II), „α'-FeO(OH)", Phase entsteht beim Übergang FeO(OH)(V) →FeO(OH)(I) als Zwischenphase; FeO(OH)(III), Akaganéit, „β-FeO(OH)" [1]), („α"-)MnO_2(I)-Typ (Kryptomelan-Typ), paramagnetisch; FeO(OH)(IV), Lepidokrokit, „γ-FeO(OH)", („γ"-)FeO(OH)(IV)-Typ (Lepidokrokit-Typ); FeO(OH)(V), „δ-FeO(OH)", („δ"-)FeO(OH)(V)-Typ, paramagnetisch; FeO(OH)(VI), durch Denaturierung des Proteins Ferritin erhalten, Formel nicht gesichert. Bei der hydrothermalen Synthese unter sehr hohen Drucken bildet sich eine neue Hochdruckform von FeO(OH), die mit InO(OH) isostrukturell ist. Dieses Oxidhydroxid zeigt antiferromagnetische Eigenschaften (Néeltemperatur $\approx$ 570 K) [2]).

Des weiteren sind folgende Phasen beschrieben worden: $Fe_5O(OH)_9$(I, II), „Grüner Rost (I, II)", $\triangleq 4\,Fe(OH)_2 \cdot FeO(OH)$, Phasen ähneln dem $4\,Co(OH)_2 \cdot Co(OH)Br$-Typ; $Fe_5O(OH)_9$(III); $Fe_2O_3 \cdot x\,H_2O$ ($x \approx 1{,}2$), „δ-Fe_2O_3-Hydrat"; $Fe_5HO_8 \cdot 4\,H_2O$. Die elektrischen Eigenschaften der FeO(OH)-Modifikationen sind bestimmt worden [3]).

Eisenoxide

Im System Fe–O treten die folgenden festen Oxidphasen auf: FeO_x (α-Phase), (α-)Wolfram-Typ, feste Lösung von Sauerstoff in Eisen; $Fe_{1-x}O$(I), Wüstit, $\triangleq FeO_y$, „Hoch"-temperaturphase, NaCl-Typ; $Fe_{1-x}O$(II),

Tieftemperaturphase ($T_{II,I} = T_N = 198$ K; 205 K), NiO(II)-Typ (Rhomboedrisch verzerrter NaCl-Typ; $Fe_{1-x}O$(III); $Fe_{1-x}O$(IV), $MgAl_2O_4$-Typ (Spinell-Typ); $Fe_{3-v}O_4$ ($0 < v \leqq 1/3$) [4]); Fe_3O_4(I), Magnetit, Magneteisenerz, $MgAl_2O_4$-Typ (Spinell-Typ); Fe_3O_4(II), Magnetit(II), Tieftemperaturphase, $T_{II,I} = 119{,}4$ K, Fe_3O_4(II)-Typ; Fe_2O_3(I) (α-Fe_2O_3), Haematit, α-Al_2O_3-Typ (Korund-Typ); Fe_2O_3(II), „β-Fe_2O_3“, Mn_2O_3(I)-Typ („C“-Typ der SE_2O_3); Fe_2O_3(III), Maghemit, ähnlich $MgAl_2O_4$-Typ (Leerstellen im Me-Gitter); Fe_2O_3(IV), „γ-Fe_2O_3“, Überstruktur des $MgAl_2O_4$-Typs (Spinell-Typ); Fe_2O_3(V), „δ-Fe_2O_3“; Fe_2O_3(VI), „ε-Fe_2O_3“; Fe_2O_3(VII), $LiZn(LiMn_3)O_8$-Typ, „geordneter“ Spinell-Typ ($MgAl_2O_4$-Typ) mit Überstruktur, zu formulieren als $Fe_3(Fe_5\square)O_{12}$; Fe_2O_3(VIII), Phasen vom $Na_2Al_{22}O_{34}$-Typ („β-Al_2O_3“-Typ).

Eisen(II)-oxid bildet sich beim Erhitzen von Fe > 575 °C bei niedrigem O_2-Partialdruck. Dieses Oxid ist nur bei hohen Temperaturen stabil. Es zerfällt beim langsamen Abkühlen in Fe und Fe_3O_4. Zur Darstellung von kristallinem FeO muß das bei hohen Temperaturen hergestellte Produkt zur Vermeidung einer Disproportionierung schnell abgekühlt werden. Eisen(II)-oxid, $Fe_{1-x}O$(I), Wüstit, kristallisiert in einem Gitter vom NaCl-Typ [5]). Es liegt immer ein Unterschuß an Eisen vor, die Formel nähert sich bei 575 °C der Zusammensetzung $Fe_{0,93}O$. Die Abweichung von der stöchiometrischen Zusammensetzung FeO wird durch den Ersatz einiger Fe^{2+}- durch Fe^{3+}-Ionen verursacht. Kristallines FeO (Wüstit) schmilzt bei 1377 °C, seine Dichte ist 5,7 g/cm³. Die Bildungsenthalpie (25 °C) beträgt -267 kJ/mol. Unterhalb 198 K (Néeltemperatur) wandelt sich $Fe_{1-x}O$(I) in eine Tieftemperaturphase $Fe_{1-x}O$(II) um und ist dann antiferromagnetisch. Das Phasendiagramm $Fe_{1-x}O$ ($\triangleq FeO_y$) mit Existenzbereichen für drei Modifikationen ist aufgestellt worden [6]).

Fe_3O_4 bildet sich, wenn Eisen bei begrenzter Luftzufuhr oxidiert wird. In der Natur kommt das Oxid in schwarzen bis blauschwarzen Kristallen als Magnetit vor. Es besitzt eine Spinell-Struktur. Fe_3O_4 schmilzt bei 1527 °C und hat eine Dichte von 5,2 g/cm³. Seine Bildungsenthalpie (25 °C) beträgt -1117 kJ/mol. Fe_3O_4 ist stark ferromagnetisch und besitzt eine ziemlich hohe elektrische Leitfähigkeit.

Beim Versetzen von Fe(III)-Salzlösungen mit Alkali wird Eisen(III)-oxidaquat ausgefällt, das > 200 °C in rotbraunes Fe_2O_3(I) (α-Fe_2O_3) übergeht. Es kommt in der Natur in Form gelbroter bis schwarzer Kristalle als Haematit vor. Es besitzt Korundstruktur. Sein Schmelzpunkt liegt bei 1570 °C, seine Dichte ist 5,24 g/cm³. Die Bildungsenthalpie (25 °C) beträgt -822 kJ/mol. α-Fe_2O_3 ist paramagnetisch. Fe_2O_3(II) (β-Fe_2O_3) bildet sich bei der Hydrolyse von $FeCl_3$ mit H_2O-Dampf. Fe_2O_3(III) bildet sich als gelbbraunes Kristallpulver beim thermischen Abbau von Fe_3O_4. Es ist ferromagnetisch. Fe_2O_3(IV) entsteht als braunes Kristallpulver durch Fällen bei 165 °C als geordnete Phase. Bei ≈ 630 °C wandelt es sich in die ungeordnete Fe_2O_3(III)-Phase um. Fremdionenhaltiges „γ-Fe_2O_3“ kristallisiert im Spinell-Typ. Fe_2O_3(V) enthält OH-Gruppen oder Alkaliionen in geringer

Konzentration. Fe_2O_3(VI), „ε-Fe_2O_3", wird als dunkelbraunes, ferrimagnetisches Kristallpulver im Gleichstromlichtbogen mit oxidierender Atmosphäre hergestellt. Fe_2O_3(VII) ist metastabil, es wandelt sich irreversibel bei 250 °C rasch in α-Fe_2O_3 um.

In Flammen wurden neben Fe die Spezies FeO, FeOH und $Fe(OH)_2$ beobachtet und ihre relativen Stabilitäten bestimmt [7]. Ferner existiert Fe_3O_4 (g) und/oder $(FeO)_3$ (g) [8].

Hydroxo- und Oxoferrate sind vom Eisen mit der Oxidationsstufe 2, 3, 4 [9], 5 [10] und 6 [10] bekannt. Im Oxoferrat(II), $Na_4[FeO_3]$, liegen isolierte, annähernd planare, CO_3^{2-}-ähnliche $[FeO_3]^{4-}$-Gruppen vor [11]. Im $K_6[Fe_2O_6]$ liegt ein Oxoferrat(III) mit isoliertem Anion vor [12].

Eine Verbindung, bei der es sich vermutlich um FeO_2 handeln dürfte, ist synthetisiert worden. Durch Dampfphasenreaktion von $Fe(CO)_5$ mit NO_2 bildet sich ein gelbbraunes Pulver von $(FeNO_3)O$; nach der thermischen Zersetzung bei 400 °C bleibt ein Rückstand von FeO_2 zurück. Das magnetische Moment dieses Oxids beträgt 4,91 B.M. Dies ist ein Wert, der nahe beim reinen Spinwert liegt, welcher beim Vorliegen von vier ungepaarten Elektronen in Fe^{4+} zu erwarten ist [13].

Kobalthydroxide

Bei der Zugabe von Alkalimetallhydroxiden zu wäßrigen Lösungen von Kobalt(II)-Salzen bildet sich je nach den Fällungsbedingungen ein blauer oder rosafarbener Niederschlag von Kobalt(II)-hydroxid. Die blaue α-Form, $3\,Co(OH)_2 \cdot 2\,H_2O$, kristallisiert in einem Gitter vom $3\,Ni(OH)_2 \cdot 2\,H_2O$-Typ [14]. Sie wandelt sich leicht in das rosa β-$Co(OH)_2$ um und wird durch O_2 leicht oxidiert. Sie läßt sich durch Traubenzucker stabilisieren. Die β-Form besitzt eine Struktur vom CdJ_2(I)-Typ. Das Kobalt(II, III)-hydroxid $Co_5(OH)_{11}$ ($\triangleq 4\,Co(OH)_2 \cdot Co(OH)_3$) besitzt ein Gitter ähnlich dem $4\,Co(OH)_2 \cdot Co(OH)Br$-Typ. Die Oxidation von $Co(OH)_2$ in wäßriger Lösung, z. B. mit Peroxiden, führt zu $Co_2O_3 \cdot x\,H_2O$, das beim Trocknen bei 150 °C in CoO(OH) übergeht. Diese Verbindung, die auch als $HCoO_2$ formuliert wird, kristallisiert in einem Schichtgitter vom $CuFeO_2$-Typ (Delafossit-Typ). Die O–H–O-Bindung im CoO(OH) ist symmetrisch, die O–D–O-Bindung im CoO(OD) asymmetrisch [15].

Kobaltoxide

Oxidphasen: CoO(I), Hochtemperaturphase ($T_{I,II} = 950$ °C), $MgAl_2O_4$-Typ (Spinell-Typ) [16]; CoO(II), „Mitteltemperaturmodifikation", NaCl-Typ; CoO(II'), stark gestörter NaCl-Typ (Darstellung aus $CoCO_3$ durch Erhitzen im Vakuum oder durch Reduktion eines höheren Oxids bei niedrigen Temperaturen. Metastabil); CoO(III), Tieftemperaturphase ($T_{III,II} = 267 \cdots 281$ K, 286 K; 293 K. Magnetische Umwandlungstemperatur: $T_N \approx 271$ K), CoO(III)-Typ, antiferromagnetisch; CoO(IV), Stöchiometrie nicht ganz gesichert, dargestellt durch Zersetzung von Kobaltacetat bei 280 bis 320 °C; Co_3O_4, $MgAl_2O_4$-Typ (Spinell-Typ).

Beim Erhitzen des Metalls an der Luft oder im H_2O-Dampf bildet sich ein olivgrünes Pulver von CoO (NaCl-Gitter). Beim Erhitzen dieses Oxids auf 400—500 °C im O_2-Strom entsteht das schwarze Oxid Co_3O_4. Es ist ein normaler Spinell, der Co^{II}-Ionen auf tetraedrischen Plätzen und diamagnetische Co^{III}-Ionen auf oktaedrischen Gitterplätzen enthält [17]. Die Existenz von reinem Co_2O_3 ist fraglich.

Einige Oxocobaltate(IV) sind bekannt. Beispiele sind Ba_2CoO_4 (β-K_2SO_4-Typ) [18] und $K_6[Co_2O_7]$ [19]. Auch Oxocobaltate, die Co^V zu enthalten scheinen, sind beschrieben worden [20].

Nickelhydroxide

Hydroxidphasen: $Ni(OH)_2$, „β-Phase", CdJ_2(I)-Typ [21]; $3\,Ni(OH)_2 \cdot 2\,H_2O$, „$\alpha$-Phase", $3\,Ni(OH)_2 \cdot 2\,H_2O$-Typ [22]; $4\,Ni(OH)_2 \cdot NiO(OH)$, $4\,Co(OH)_2 \cdot Co(OH)Br$-Typ; $Ni_3O_2(OH)_4$, ungeordnete Schichtstruktur; NiO(OH)(I), „β-NiO(OH)", CdJ_2(I)-Typ (mit starken Gitterstörungen) [22]; NiO(OH)(I') [22], eventuell identisch mit NiO(OH)(I); $NiO(OH) \cdot n\,NiO(OH)$(I a), „γ-Nickelhydroxid", $n \approx 1/4$, ähnlich $4\,Co(OH)_2 \cdot Co(OH)Br$-Typ [22]; $NiO(OH) \cdot n\,NiO(OH)$(Ib), „γ-Nickelhydroxid" [22].

Nickel(II)-hydroxid, $Ni(OH)_2$, fällt bei der Zugabe von Alkalihydroxiden aus wäßrigen Lösungen von Nickel(II)-Salzen in Form eines voluminösen, grünen Gels aus, das beim längeren Stehen kristallisiert („β-Phase"). Oberhalb 200 °C beginnt der Zerfall in das Oxid. „α-Nickelhydroxid", $3\,Ni(OH)_2 \cdot 2\,H_2O$, ist ein grünes Kristallpulver, das nur in trockenem Zustand stabil ist und sich in alkalischer Lösung zu β-$Ni(OH)_2$ zersetzt. Es kann durch Einbau von z. B. Mannit, Borsäure und Traubenzucker stabilisiert werden. Bei 150 °C gibt es H_2O ab, geht aber nicht in β-$Ni(OH)_2$ über.

Es existieren Hydroxide und wasserhaltige Oxide, die Nickel in höheren Oxidationsstufen (+3, +4) enthalten. „β-NiO(OH)" bildet sich als schwarzer Niederschlag bei der Oxidation von Nickel(II)-Salzlösungen mit Cl_2, Br_2 oder Peroxodisulfat in alkalischer Lösung [21]. In heißem Wasser bildet sich ein Nickel(II, III)-hydroxid $Ni_3O_2(OH)_4$. γ-NiO(OH) entsteht durch Zugabe von Nickel zu einer Schmelze von Na_2O_2 und NaOH bei 600 °C und einer Behandlung des abgekühlten Produkts mit Eiswasser [23]. $4\,Ni(OH)_2 \cdot NiO(OH)$ wird durch anodische Oxidation einer $NiSO_4$-Lösung bei 70—80 °C dargestellt. Das wasserhaltige Oxid $NiO_2 \cdot n\,H_2O$ bildet sich bei der Oxidation von $Ni(OH)_2$ mit Peroxodisulfat. Bei der elektrochemischen Oxidation von $Ni(OH)_2$ entsteht zuerst β-NiO(OH) und nach einer längere Zeit andauernden Oxidation eine Phase mit einer mittleren Oxidationsstufe des Nickels von $\approx 3{,}3$ [24]. Dem Edison- oder Nickel-Eisen-Akkumulator, der mit KOH als Elektrolyt arbeitet und etwa 1,3 V liefert, liegt die Reaktion

$$Fe + 2\,NiO(OH) + 2\,H_2O \underset{\text{Ladung}}{\overset{\text{Entladung}}{\rightleftharpoons}} Fe(OH)_2 + 2\,Ni(OH)_2$$

zugrunde. Weder der Mechanismus noch die wahre Natur der oxidierten Nickelverbindung ist vollständig geklärt.

Nickeloxide

Nickeloxidphasen: $NiO_x(Ni_3O)$, Sauerstoff an Ni-Oberflächen absorbiert; NiO(I), Bunsenit, Hochtemperaturphase ($T_{I,II} = (210 \pm 4)$ °C) [25]), NaCl-Typ; NiO(II), Bunsenit, Tieftemperaturphase, NiO(II)-Typ (= schwach rhomboedrisch verzerrter NaCl-Typ); $Ni_{15}O_{16}$ [26]), Ni-defizitäres NiO, ferrimagnetisch; $Ni_{28}O_{32}$, $MgAl_2O_4$-Typ (Spinell-Typ) mit Metallüberschuß; Ni_3O_4 (Existenz nicht gesichert); Ni_2O_3(I) (Zusammensetzung nicht gesichert); Ni_2O_3(II); NiO_2.

Bei der Oxidation von Nickel mit O_2 bildet sich hauptsächlich NiO neben Ni_2O_3. Reines NiO wird durch Erhitzen von Nickel(II)-hydroxid, -carbonat, -oxalat oder -nitrat dargestellt. Es ist ein grüner Feststoff und besitzt NaCl-Struktur. Bei Raumtemperatur ist es antiferromagnetisch mit einem magnetischen Moment von $\approx 1{,}3$ B.M. [27]). $Ni_{28}O_{32}$ bildet sich aus elektrolytisch auf Platin abgeschiedenen dünnen Schichten von Ni durch Oxidation an Luft bei 500 °C/2 h. Ni_3O_4 entsteht aus Ni_2O_3 durch thermischen Abbau, es soll bis 40 °C stabil sein. Ni_2O_3(I) wird beim Aufdampfen von Ni auf NaCl erhalten, Ni_2O_3(II) durch Zersetzung von $Ni(NO_3)_2$ bei 250 °C. NiO_2 bildet sich durch Vakuumdehydratation des Hydroxids mit P_2O_5 bei niedrigen Temperaturen.

Oxoniccolate(II) der Alkalimetalle kristallisieren im tetragonalen Na_2HgO_2-Typ mit [O—Ni—O]-Hanteln [28]). Es existieren Doppeloxide, die Nickel in höheren Oxidationsstufen enthalten [29]).

Literatur

1. *Inouye, K., Imamura, H., Kaneko, K.* und *Ishikawa, T.*, Bull. Chem. Soc. Japan **47,** 743 (1974).
2. *Pernet, M., Chenavas, J.* und *Joubert, J. C.*, Solid State Commun. **13,** 1147 (1973).
3. *Kaneko, K.* und *Inouye, K.*, Bull. Chem. Soc. Japan **47,** 1139 (1974).
4. *Annersten, H.* und *Hafner, S. S.*, Z. Kristallogr., Kristallgeometr., Kristallphysik, Kristallchem. **137,** 321 (1973).
5. *Touzelin, B.*, Rev. int. hautes Températ. Réfractaires **11,** 219 (1974).
6. *Valet, P.* und *Carel, C.*, Ann. Chimie **5,** 246 (1970).
7. *Jensen, D. E.* und *Jones, G. A.*, J. Chem. Soc. (London), Faraday Transactions I **69,** 1448 (1973).
8. *Glemser, O.* und *Weizenkorn, H.-H.*, Z. anorg. allg. Chem. **319,** 266 (1963).
9. *Scholder, R., Bunsen, H. V.* und *Zeiss, W.*, Z. anorg. allg. Chem. **283,** 330 (1956); *Scholder, R., Kindervater, F.* und *Zeiss, W.*, ibid. 338.
10. *Scholder, R.*, Bull. Soc. chim. France 1112 (1965).
11. *Rieck, H.* und *Hoppe, R.*, Naturwiss. **61,** 126 (1974).
12. *Rieck, H.* und *Hoppe, R.*, Z. anorg. allg. Chem. **408,** 151 (1974).
13. *Addison, C. C., Johnson, B. F. G.* und *Logan, N.*, J. Chem. Soc. (London) 4490 (1965).

14. *Bode, H., Dehmelt, K.* und *Witte, J.*, Electrochim. Acta (London) **11,** 1079 (1966).
15. *Delaplane, R. G., Ibers, J. A., Ferraro, J. R.* und *Rush, J. J.*, J. chem. Physics **50,** 1920 (1969).
16. *Cox, J. T.* und *Quinn, C. M.*, Mater. Res. Bull. **4,** 165 (1969).
17. *Smith, W. L.* und *Hobson, A. D.*, Acta crystallogr. (Copenhagen), Sect. B **29,** 362 (1973); *Kotousova, I. S.* und *Polyakov, S. M.*, Kristallografija **17,** 661 (1972).
18. *Mattausch, H.-J.* und *Müller-Buschbaum, H.-K.*, Z. anorg. allg. Chem. **386,** 1 (1971).
19. *Jansen, M.* und *Hoppe, R.*, Z. anorg. allg. Chem. **409,** 152 (1974).
20. *Scholder, R.*, Bull. Soc. chim. France 1112 (1965); *Brendel, C.* und *Klemm, W.*, Z. anorg. allg. Chem. **320,** 59 (1963).
21. *McEven, R. S.*, J. Physic. Chem. **75,** 1782 (1971).
22. *Bode, H., Dehmelt, K.* und *Witte, J.*, Z. anorg. allg. Chem. **366,** 1 (1969).
23. *Glemser, O.* und *Einerhand, J.*, Z. anorg. allg. Chem. **261,** 26 (1950).
24. *Tuomi, D.*, J. Electrochem. Soc. **112,** 1 (1965).
25. *Toussaint, C. J.*, J. Appl. Crystallogr. (Copenhagen) **4,** 293 (1971).
26. *Katada, K., Nakahigashi, K.* und *Shimomura, Y.*, Jap. J. Appl. Physics **9,** 1019 (1970).
27. *Figgis, B. N.* und *Lewis, J.*, Progr. Inorg. Chem. **6,** 37 (1964).
28. *Rieck, H.* und *Hoppe, R.*, Z. anorg. allg. Chem. **400,** 311 (1973).
29. *Bade, H., Bronger, W.* und *Klemm, W.*, Bull. Soc. chim. France 1124 (1965).

16. Oxide der Platinmetalle

Wasserfreie feste Oxidphasen: RuO_2, TiO_2(III)-Typ (Rutil-Typ) [1]; RuO_4, OsO_4-Typ [2]; Rh_2O_3(I), Hochtemperaturphase, $T_{I,II} \geqq 750$ °C, ähnlich $CaTiO_3$(I)-Typ (Perowskit-Typ) (orthorhombisch verzerrt) [3]; Rh_2O_3(II), Tieftemperaturphase, α-Al_2O_3-Typ (Korund-Typ) [4]; Rh_2O_3(III), Hochdruckphase, Rh_2O_3(III)-Typ [5]; RhO_2, TiO_2(III)-Typ (Rutil-Typ) [6]; PdO_x (α-Phase), in Pd auf Zwischengitterplätzen gelöster Sauerstoff, Überstruktur des Pd-Gitters [7]; PdO, PdO-Typ [8]; OsO_2(I, II), TiO_2(III)-Typ (Rutil-Typ) [9]; OsO_4, OsO_4-Typ [10]; IrO_2, TiO_2(III)-Typ (Rutil-Typ) [11]; PtO, PdO-Typ, Existenz zweifelhaft [12]; Pt_3O_4(I), $Na_xPt_3O_4$-Typ [12]; Pt_3O_4(II), evtl. $Pt_3(O_2)_4$, Pt_3O_4(II)-Typ [12]; PtO_2(I), „β-Phase", Hochdruckphase, $CaCl_2$-Typ (leicht verzerrter TiO_2(III)-Typ (Rutil-Typ)) [13]; PtO_2(II), „α-Phase" [12].

RuO_2 kann im O_2-Strom transportiert werden. Messungen haben ergeben, daß die gasförmigen Oxide RuO_3 und RuO_4 maßgebend beteiligt sind [14]. RuO_4 entsteht beim Erhitzen von sauren, Ruthenium enthaltenen Lösungen mit starken Oxidationsmitteln, wie $KMnO_4$, HJO_4, Ce(IV) oder Cl_2. Das Oxid kann aus den Lösungen abdestilliert oder durch einen Gasstrom ausgetrieben werden. Es ist auch durch Destillation aus konzentrierten Perchlorsäurelösungen oder durch Einleiten von Cl_2 in eine Schmelze von Ruthenat in NaOH erhältlich. RuO_4 ist eine flüchtige, kristalline (orangegelbe Nadeln, Fp. 25 °C, Kp. 100 °C) und sehr giftige Substanz mit charakteristischem, durchdringendem, ozonartigem Geruch. Das Molekülgitter enthält tetraedrische Moleküle [2]). RuO_4 ist ein sehr starkes Oxidationsmittel. Oberhalb ≈ 180 °C kann es explosionsartig zu RuO_2 und O_2 zerfallen. Rh_2O_3(II) bildet sich beim Erhitzen von Rhodium(III)-nitrat oder $Rh_2O_3 \cdot aq$. Rh_2O_3(III) entsteht bei 65 kbar und 1200 °C in Form eines metallischgrauen Kristallpulvers. In dieser Hochdruckform liegen Paare von Oktaedern mit gemeinsamen Flächen (wie in Korund) vor, aber eine verschiedene Auswahl von gemeinsamen Kanten; man kann die Struktur so betrachten, als ob sie aus Scheiben der Korundstruktur aufgebaut ist. RhO_2 wird in Form eines schwarzen, kristallinen Pulvers durch Erhitzen von $Rh_2O_3 \cdot aq$ auf 700 bis 800 °C bei hohem O_2-Druck dargestellt. PdO bildet sich aus Pd und O_2. Im PdO-Gitter ist Pd quadratisch eben von 4 O-Atomen umgeben, die Koordination von O ist tetraedrisch. OsO_2(I) entsteht als braunes Kristallpulver z. B. durch Entwässern von $OsO_2 \cdot aq$ in LiCl/KCl-Schmelzen bei 700 °C [9]). OsO_2(II) wird in Form eines schwarzen Kristallpulvers durch Zersetzung von K_2OsCl_6 mit Alkalien bei 500 °C dargestellt [9]). Die Existenz zweier OsO_2-Modifikationen (beide vom TiO_2(III)-Typ) ist gesichert [9]). OsO_4 läßt sich durch Verbrennen von Os oder durch Oxidation von Osmium-Lösungen, z. B. mit Salpetersäure, gewinnen. OsO_4 ist wie RuO_4 eine flüchtige, kristalline (farblose Kristalle, Fp. 40 °C, Kp. 101 °C) und sehr giftige Substanz, mit charakteristischem, durchdringendem, ozonartigem Geruch. Es besitzt wie RuO_4 eine tetraedrische Struktur [2]). OsO_4 ist ein starkes Oxidationsmittel, insgesamt aber stabiler als RuO_4. Sowohl RuO_4 als auch OsO_4 lösen sich in Alkalihydroxidlösung. IrO_2 ist über das gasförmige Trioxid transportierbar [15]). PtO_2 und Pt_3O_4(I) werden bei hohen O_2-Drücken syn-

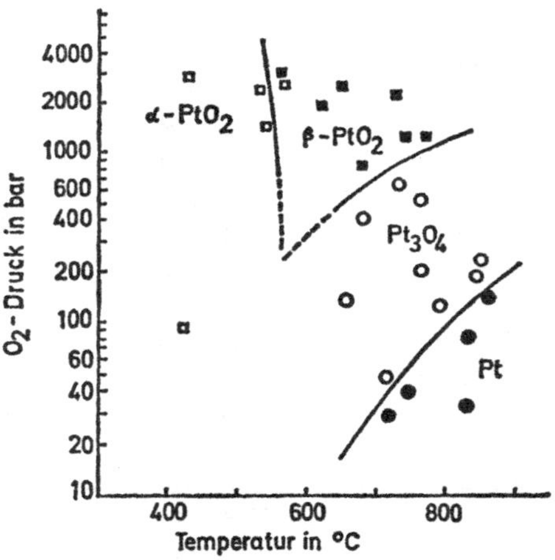

Abb. 38. P_{O_2}-T-Bedingungen für die Synthese von Platinoxid-Phasen, mit PtJ_2 als Ausgangsmaterial, nach *Muller* und *Roy* [12])

thetisiert (Abb. 38)[12]). PtO_2(II) bildet sich beim Entwässern von $PtO_2 \cdot aq$. Es dissoziiert > 200 °C.

In Sauerstoff existieren bei 800—1500 °C gasförmige Oxide: RuO_3[14]), OsO_3, Rh_xO_2[15]), IrO_3[15]) und Pt_xO_2[15]). Elektronenbeugungsmessungen sind an RuO_4 (g) und OsO_4 (g) durchgeführt worden[16]). Massenspektrometrisch ist der Dampfdruck und die Zusammensetzung des Dampfes über OsO_2 bestimmt worden[17]).

Man kennt auch eine Reihe von Doppeloxiden, z. B. $BaRuO_3$, $CaIrO_3$, $Tl_2Pt_2O_7$[18]), Rutheniumbronzen $Na_{3-x}Ru_4O_9$ ($x \approx 0{,}9$)[19]), K_2PdO_2 (K_2PtS_2-Typ)[20]), $Na_2Pd_3O_4$[21]) und Platinbronzen[22]).

Wasserhaltige Oxide: $Ru_2O_3 \cdot n\,H_2O$, $RuO_{2+x} \cdot y\,H_2O$[23]), $Rh_2O_3 \cdot 5\,H_2O$, $RhO_2 \cdot n\,H_2O$, $PdO \cdot n\,H_2O$ (ähnlich PdO-Typ, H_2O teilweise auf Zwischengitterplätzen, teilweise vielleicht auch adsorbiert), $OsO_2 \cdot n\,H_2O$, $Ir_2O_3 \cdot n\,H_2O$, $IrO_2 \cdot n\,H_2O$, $PtO \cdot n\,H_2O$ und $PtO_2 \cdot n\,H_2O$ (vielleicht nur PtO_2(II) mit etwas adsorbiertem H_2O).

Einige Hydroxosalze sind bekannt, z. B. „Perosmate" oder „Osmenate" mit dem Ion $[OsO_4(OH)_2]^{2-}$, Osmate(VI) mit dem oktaedrischen $[OsO_2(OH)_4]^{2-}$-Ion, $CdIr(OH)_6$ usw.[24]).

Literatur

1. *Butler, S. R.* und *Gillson, J. L.*, Mater. Res. Bull. **6,** 81 (1971).
2. *Tréhoux, J., Thomas, D., Nowogrocki, G.* und *Tridot, G.*, C. R. hebd. Séances Acad. Sci., Sér. C **268,** 246 (1969); *McDowell, R. S.* und *Goldblatt, M.*, Inorg. Chem. (Washington) **10,** 625 (1971).
3. *Wold, A., Arnott, R. J.* und *Croft, W. J.*, Inorg. Chem. (Washington) **2,** 972 (1963); *Chaston, J. C.*, Platinum Metals Rev. **13,** 28 (1969).
4. *Coey, J. M. D.*, Acta crystallogr. (Copenhagen), Sect. B **26,** 1876 (1970).
5. *Shannon, R. D.* und *Prewitt, C. T.*, J. Solid State Chem. **2,** 134 (1970).
6. *Shannon, R. D.*, Solid State Commun. **6,** 139 (1968); Errata: Solid State Commun. **7,** 257 (1968); *Muller, O.* und *Roy, R.*, J. less-common Metals (Lausanne) **16,** 129 (1968).
7. *Steeb, S.* und *Kral, H.*, Naturwiss. **54,** 536 (1967).
8. *Rogers, D. B., Shannon, R. D.* und *Gillson, J. L.*, J. Solid State Chem. **3,** 314 (1971).
9. *Boman, C.-E.*, Acta chem. Scand. **24,** 123 (1970); *Thiele, G.* und *Woditsch, P.*, J. less-common Metals (Lausanne) **17,** 459 (1969).
10. *Ueki, T., Zalkin, A.* und *Templeton, D. H.*, Acta crystallogr. (Copenhagen) **19,** 157 (1965).
11. *Swanson, H. E., Morris, M. C.* und *Evans, E. H.*, Natl. Bur. Std. (U.S.) Monograph 25, Section 4 (Washington, D.C. 1966); *McDaniel, C. L.* und *Schneider, S. J.*, J. Amer. Ceram. Soc. **49,** 285 (1966); *Krishna Rao, K. V.* und *Iyengar, L.*, Current Sci. (India) **38,** 304 (1969); *Rogers, D. B., Shannon, R. D., Sleight, A. W.* und *Gillson, J. L.*, Inorg. Chem. (Washington) **8,** 841 (1969).
12. *Muller, O.* und *Roy, R.*, J. less-common Metals (Lausanne) **16,** 129 (1968).
13. *Siegel, S., Hoekstra, H. R.* und *Tani, B. S.*, J. Inorg. Nuclear Chem. **31,** 3803 (1969).

14. *Schäfer, H., Gerhardt, W.* und *Tebben, A.*, Angew. Chem. **73**, 27, 115 (1960).
15. *Schäfer, H.* und *Heitland, H.-J.*, Z. anorg. allg. Chem. **304**, 249 (1960).
16. *Schäfer, L.* und *Seip, H. M.*, Acta chem. Scand. **21**, 737 (1967); *Seip, H. M.* und *Stølevik, R.*, Acta chem. Scand. **20**, 385 (1966).
17. *Kazenas, E. K., Chizhikov, D. M., Shubochkin, L. K.* und *Tagirov, V. K.*, Ž. neorg. Chim. **19**, 2596 (1974).
18. *Shannon, R. D., Rogers, D. B.* und *Prewitt, C. T.*, Inorg. Chem. (Washington) **10**, 713 719, 723 (1971).
19. *Darriet, J.*, Acta crystallogr. (Copenhagen), Sect. B **30**, 1459 (1974).
20. *Sabrowsky, H., Bronger, W.* und *Schmitz, D.*, Z. Naturforschg. **29 b**, 10 (1974).
21. *Wilhelm, M.* und *Hoppe, R.*, Z. anorg. allg. Chem. **409**, 60 (1974).
22. *Cahen, D., Ibers, J. A.* und *Wagner, Jr., J. B.*, Inorg. Chem. (Washington) **13**, 1377 (1974).
23. *Fletcher, J. M., Gardner, W. E., Greenfield, B. F., Holdoway, M. J.* und *Rand, M. H.*, J. Chem. Soc. (London), Sect. A 653 (1968).
24. *Sarkozy, R. F.* und *Chamberland, B. L.*, J. Solid State Chem. **10**, 145 (1974).

Allgemeine Literaturhinweise

Landolt-Börnstein, Zahlenwerte und Funktionen aus Naturwissenschaften und Technik. Neue Serie. Band III/7, *Pies, W.* und *Weiss, A.*, Kristallstrukturdaten anorganischer Verbindungen. Der Teil III/7b1 (Berlin-Heidelberg-New York 1974) enthält eine umfassende Sammlung der Strukturdaten von Oxiden und Hydroxiden im festen Zustand.

Comprehensive Inorganic Chemistry, Volume 1—5 (1973) (Oxford-New York-Toronto-Sydney-Braunschweig). Umfassendes Nachschlagewerk.

Wells, A. F., Structural Inorganic Chemistry, 4. Aufl. (Oxford 1975). Ausführliche Information über die Strukturen von Aquoxiden und Oxiden.

The Oxide Handbook. Edited by *G. V. Samsonov.* Translated from Russian (New York-Washington-London 1973). Eigenschaften der Oxide.

Cotton, F. A. und *Wilkinson, G.*, Anorganische Chemie, 3. Aufl. Übersetzt von *H. P. Fritz* (Weinheim/Bergstr. 1974).

Steudel, R., Chemie der Nichtmetalle (Berlin-New York 1974).

Hamilton, W. C. und *Ibers, J. A.*, Hydrogen Bonding in Solids (New York-Amsterdam 1968).

Schäfer, H., Chemische Transportreaktionen. Monographie zu „Angewandte Chemie" und „Chemie — Ingenieur — Technik", Nr. 76 (Weinheim/Bergstr. 1962).

Galasso, F. S., Structure and Properties of Inorganic Solids. International Series of Monographs in Solid State Physics. Volume 7 (Oxford-New York-Toronto-Sydney-Braunschweig 1970).

Formelregister

Ac_2O_3 93
AgO 81
$Ag(O_2)$ 82
Ag_2O 81
Ag_2O_3 82
$AgOCs$ 82
$AgOK$ 82
AgO_2Na_3 82
AlO 29
Al_2O 29, 30
Al_2O_2 29
Al_2O_3 28
Al_2O_4Be 29
AlO_2K 29
AlO_3K_3 29
Al_2O_4Mg 20, 29
AlO_2Na 29
$Al(OH)_3$ 25
$AlO(OH)$ 27
$[Al_2(OH)_{10}]Ba_2$ 28
$[Al(OH)_6]_2Ca_3$ 28
$[Al_2(OH)_6O]K_2$ 28
AmO 94
AmO_2 94
Am_2O_3 94
$Am(OH)_3$ 93
As_2O_3 60
As_4O_6 60
As_2O_4 60
As_2O_5 59, 60
$[AsO(OH)_3]_2 \cdot H_2O$ 59
$As_3O_5(OH)_5$ 59
Au_2O_3 83
$AuOCs$ 84
AuO_2Cs 84
AuO_2K 84
AuO_2Rb 84
AuO_3Na_3 84
$Au_2O_3Na_{0.5}$ 83

BO 24
B_2O 24
B_2O_3 23
B_7O 24
B_2O_4Ca 23
$B(OH)_3$ 21
$B_2(OH)_4$ 22
BO_2H 22
$B_3O_3(OH)_3$ 22
$B_3O_4(OH)(OH_2)$ 22
BaO_2 20
$Ba(O_3)_2$ 20
$Ba(OH)_2$ 20
$Ba(OH)_2 \cdot H_2O$ 20
$Ba(OH)_2 \cdot 3\,H_2O$ 20
$Ba(OH)_2 \cdot 8\,H_2O$ 20
BeO 18
Be_3O_3 18
Be_4O_4 18
$Be_3Al_2O_6$ 19
$Be_3Ca_2O_5$ 19
$[Be_2O_4]K_4$ 19
$Be(OH)_2$ 6, 18
Bi_2O_3 62
BiO_3Na 63
BkO_2 95
Bk_2O_3 95
$Bk(OH)_3$ 93
BrO_3 76
Br_2O 76
Br_2O_3 76
Br_2O_4 76
$BrOH$ 73
$BrO_3(OH)$ 73

CO 35
CO_2 36
CO_3 37
C_2O 37
C_2O_3 35
C_2O_4 37
C_3O_2 36
$C_{12}O_9$ 35
$CO(OH)_2$ 12, 36
$Ca(OH)_2$ 19
CdO 87
$Cd(OH)_2$ 87
CeO_2 91
Ce_2O_3 91
Ce_7O_{12} 91
Cf_2O_3 95
$Cf(OH)_3$ 93
ClO_2 75
Cl_2O 75
Cl_2O_3 75
Cl_2O_6 76
Cl_2O_7 76
$ClOH$ 71
$ClO_3(OH)$ 72
CmO 94
CmO_2 94
Cm_2O_3 94
$Cm(OH)_3$ 93
CoO 130
Co_3O_4 130
$[CoO_4]Ba_2$ 131
$[Co_2O_7]K_6$ 131
$Co(OH)_2$ 130
$Co(OH)_2 \cdot {}^2/_3\,H_2O$ 130
$CoO(OH)$ 13, 130
CrO 108
CrO_2 109
CrO_3 110
Cr_2O_3 108
Cr_2O_5 108
Cr_3O_8 108
Cr_5O_{12} 109
Cr_6O_{15} 108
$Cr(OH)_3 \cdot 3\,H_2O$ 107
$CrO(OH)$ 13, 107
Cs_2O 16
Cs_7O 17
$CsOH$ 14, 15
CuO 80
Cu_2O 79
Cu_2O_3Ca 80

Sachregister

Grundzüge der physikalischen Chemie in Einzeldarstellungen

Herausgegeben von Prof. Dr. ROLF HAASE (Aachen)

1. *R. Haase* (Aachen): **Thermodynamik.**
   VIII, 142 Seiten, 15 Abb., 6 Tab. DM 18,—.

2. *G. Findenegg* (Bochum): **Statistische Thermodynamik.**
   In Vorbereitung.

3. *R. Haase* (Aachen): **Transportvorgänge.**
   VIII, 95 Seiten, 15 Abb., 5 Tab. DM 12,—.

4. *K.-H. Homann* (Darmstadt): **Reaktionskinetik.**
   X, 154 Seiten, 43 Abb., 7 Tab. DM 22,—.

5. *R. Haase* (Aachen): **Elektrochemie I:** Thermodynamik elektrochemischer Systeme.
   VII, 74 Seiten, 6 Abb., 3 Tab. DM 12,—.

6. *W. Vielstich* und *W. Schmickler* (Bonn): **Elektrochemie II:** Kinetik elektrochemischer Systeme.
   XII, 147 Seiten, 99 Abb., 6 Tab. DM 28,—.

7. *K. G. Weil* (Darmstadt): **Grenzflächenerscheinungen.**
   In Vorbereitung.

8. *G. Rehage* und *W. Borchard* (Clausthal): **Hochpolymere.**
   In Vorbereitung.

9. *K. Hensen* (Frankfurt a. M.): **Molekülbau und Spektren.**
   In Vorbereitung.

10. *K. Hensen* (Frankfurt a. M.): **Theorie der chemischen Bindung.**
    X, 149 Seiten, 39 Abb., 17 Tab. DM 20,—.

Steinkopff Studienbücher

L. J. Bellamy (London): **Ultrarot-Spektrum und chemische Konstitution.** Nachdr. d. 2. Auflage. XV, 325 Seiten, 11 Abb., 23 Tab. DM 28,—.

J. Brandmüller und *H. Moser* (München): **Einführung in die Ramanspektroskopie.** XVI, 515 Seiten, 193 Abb., 72 Tab. DM 94,—.

W. Brügel (Ludwigshafen): **Einführung in die Ultrarotspektroskopie.** 4. Auflage. XIV, 426 Seiten, 200 Abb., 37 Tab. DM 80,—.

K. Denbigh (London): **Prinzipien des chemischen Gleichgewichts.** Eine Thermodynamik für Chemiker und Chemie-Ingenieure. 2. Auflage. XVIII, 397 Seiten, 47 Abb., 15 Tab. DM 39,80.

M. W. Hanna (Boulder/Colorado): **Quantenmechanik in der Chemie.** XII, 301 Seiten, 59 Abb., 18 Tab. DM 44,—.

W. Heimann (Karlsruhe): **Grundzüge der Lebensmittelchemie.** 3. Auflage. XXVIII, 622 Seiten, 23 Abb., 43 Tab. DM 48,60.

G. Herzberg (Ottawa): **Einführung in die Molekülspektroskopie.** XI, 188 Seiten, 106 Abb., 19 Tab. DM 36,—.

W. Jost und *J. Troe* (Göttingen): **Kurzes Lehrbuch der physikalischen Chemie.** 18. Auflage. XIX, 493 Seiten, 139 Abb., 73 Tab. DM 38,—.

M. Kraft (Bonn): **Struktur und Absorptionsspektroskopie organischer Naturstoffe.** XII, 321 Seiten, 156 Abb., 26 Tab. DM 98,—.

K. Lang (Bad Krozingen): **Biochemie der Ernährung.** 3. Auflage. XVI, 676 Seiten, 95 Abb., 302 Tab. Studienausgabe DM 126,—.

P. Nylén (Stockholm) und *N. Wigren* (Visby): **Einführung in die Stöchiometrie.** 16. Auflage. XI, 289 Seiten. DM 32,—.

W. Pepperhoff und *H.-H. Ettwig* (Duisburg): **Interferenzschichten-Mikroskopie.** VIII, 79 Seiten, 44 z. T. farb. Abb. DM 28,—.

H. Sajonski und *A. Smollich* (Berlin): **Zelle und Gewebe.** Eine Einführung für Mediziner und Naturwissenschaftler. 2. Auflage. VIII, 274 Seiten, 169 Abb. DM 36,—.

H. Sirk (Wien) und *M. Draeger* (Potsdam): **Mathematik für Naturwissenschaftler.** 12. Auflage. XII, 399 Seiten, 163 Abb. DM 32,—.

J. Steinkopff (Darmstadt), Hrsg.: **Konzepte der Kolloidchemie.** VIII, 145 Seiten, 15 Abb., 2 Schemata, 8 Tab. DM 38,—.

DR. DIETRICH STEINKOPFF VERLAG · DARMSTADT

Fortschritte der physikalischen Chemie

Herausgegeben von Prof. Dr. Dres. h. c. WILHELM JOST (Göttingen)

1. *W. Jost* und *K. Hauffe* (Göttingen): **Diffusion.** Methoden der Messung und Auswertung.
   2. Auflage. X, 327 Seiten, 108 Abb., 38 Tab. DM 128,—.
2. *H. Röck* (Trostberg) und *W. Köhler* (Ludwigshafen): **Ausgewählte moderne Trennverfahren** mit Anwendungen auf organische Stoffe.
   2. Auflage. X, 210 Seiten, 148 Abb., 38 Tab. DM 50,—.
3. *E. F. Greene* (Providence, R. I.) und *J. P. Toennies* (Göttingen): **Chemische Reaktionen in Stoßwellen.**
   XV, 202 Seiten, 85 Abb., 15 Tab. DM 30,—.
4. *B. Honigmann* (Ludwigshafen): **Gleichgewichts- und Wachstumsformen von Kristallen.**
   XII, 161 Seiten, 79 Abb., 12 Tab. DM 30,—.
5. *H. Röck* (Trostberg): **Destillation im Laboratorium.** Extraktive und azeotrope Destillation.
   XIII, 164 Seiten, 65 Abb., 24 Tab. DM 30,—.
6. *Z. G. Szabó* (Szeged): **Fortschritte in der Kinetik der homogenen Gasreaktionen.**
   XII, 239 Seiten, 15 Abb., 53 Tab. DM 40,—.
7. *H. Strehlow* (Göttingen): **Magnetische Kernresonanz und chemische Struktur.**
   2. Auflage. XII, 176 Seiten, 99 Abb., 22 Tab. DM 38,—.
8. *R. Haase* (Aachen): **Thermodynamik der irreversiblen Prozesse.**
   XII, 123 Seiten, 40 Abb., 23 Tab. DM 95,—.
9. *R. Schlögl* (Frankfurt a. M.): **Strofftransport durch Membranen.**
   XII, 123 Seiten, 19 Abb. DM 28,—.
10. *J. Barthel* (Regensburg): **Ionen in nichtwäßrigen Lösungen.**
   VII, 160 Seiten, 29 Abb., 30 Tab. DM 98,—.

Die Reihe wird fortgesetzt.

DR. DIETRICH STEINKOPFF VERLAG · DARMSTADT

Made in United States
Orlando, FL
22 March 2026

79555906R10095